重庆文理学院校级引进人才项目（项目编号：R2012JY23）
重庆市教委人文社科规划项目（项目编号：20SKGH195）

视觉拥挤效应的认知机制

彭春花◎著

新 华 出 版 社

图书在版编目（CIP）数据

视觉拥挤效应的认知机制 / 彭春花著. -- 北京 :
新华出版社, 2024. 10.
ISBN 978-7-5166-7685-1

Ⅰ. Q436

中国国家版本馆CIP数据核字第20248WJ743号

视觉拥挤效应的认知机制
作者：彭春花
责任编辑：蒋小云
出版发行：新华出版社有限责任公司
（北京市石景山区京原路8号　邮编：100040）
印刷：北京亚吉飞数码科技有限公司

成品尺寸：170mm×240mm　1/16　**印张：**9.25　**字数：**147千字
版次：2025年4月第1版　**印次：**2025年4月第1次印刷
书号：ISBN 978-7-5166-7685-1　**定价：**72.00元

目　录

第一章 前 言

世界是纷繁复杂的，总是充斥着各种各样的信息，诸如视觉、听觉、嗅觉信息等。那么，个体如何处理这些大量纷杂的信息，并从若干信息中抽取出对自己有用的信息，是知觉研究领域致力于解决的重要问题。

在各种知觉研究中，最受研究者关注的为视知觉。迄今为止，研究者在研究中发现了多种视知觉现象，包括视觉掩蔽、注意盲、拥挤效应等。这些现象的发现为探索人类的视觉认知加工过程提供了突破口。拥挤效应作为视知觉研究中的一个重要现象，自提出以来便受到研究者的广泛关注。拥挤效应反映了个体从杂乱刺激中识别目标客体的能力，对该效应的研究，有助于探明视觉系统如何在大量无关刺激的干扰下识别客体。

拥挤效应（crowding effect）指对外周视野内目标刺激的识别受到该刺激周围无关刺激干扰的现象（Pelli & Tillman, 2008；Pelli et al., 2007）。图1-1为拥挤效应示意图，图中黑色小圆点为中央注视点，当双眼注视小圆点时，我们能够很好地识别上图中的字母R，而对下图中的字母R识别则变得很困难。拥挤效应的强弱通常采用临界间距（critical spacing）和强度两个参数量化。干扰刺激与目标刺激的空间间距越小，对目标刺激的识别成绩受干扰刺激的影响越大，干扰刺激对目标刺激的识别刚好不产生影响时的最大空间间距即为临界间距。根据Bouma定律，临界间距与目标刺激的离心率（eccentricity，目标刺激与中央注视点间的空间距离）有关，其大小约等于0.5倍离心率，而与目标刺激的大小以及刺激类别等因素无关（Bouma, 1970；Levi, 2008；Pelli & Tillman, 2008；Tripathy & Cavanagh, 2002）。强度（strength）则通常以识别目标刺激的正确率（Põder, 2008）或呈现干扰刺激导致的识别目标刺激的阈值提升值，如对比度阈值的提高（Levi & Carney, 2009；Pelli, Palomares & Majaj, 2004）等表示。

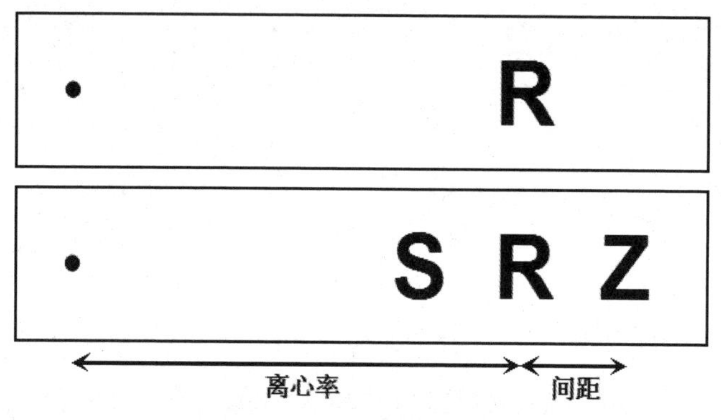

图1-1 拥挤效应示意图

注：黑色小圆点为中央注视点，字母R为目标刺激，S、Z为干扰刺激

自拥挤效应提出以来，研究者采用多种研究方法对该效应进行探讨，得出了丰富的研究结果。大量研究发现，拥挤效应存在于多种视知觉任务中，包括字母识别（Flom, Heath & Takahashi, 1963；Pelli et al., 2004；Toet & Levi, 1992）、朝向位置判断（Bulakowski, Post & Whitney, 2009；Levi & Carney, 2009）、面孔识别（Farzin, Rivera & Whitney, 2009；Louie, Bressler & Whitney, 2007；Martelli, Majaj & Pelli, 2005）等。研究还发现，视觉运动系统中也同样存在拥挤效应，如抓握被拥挤的目标刺激的朝向时，被试的成绩也会受到临近干扰刺激的损害（Bulakowski et al., 2009）。拥挤效应的强度受多种因素的影响，包括目标与干扰刺激间的空间距离（Pelli, 2008）、刺激间的相似性（Põder, 2007）、干扰刺激的大小与数量（Levi & Carney, 2009；Põder, 2006, 2008）、任务类型（Livne & Sagi, 2007；Pelli et al., 2004）、练习（Huckauf & Nazir, 2007；Wolford, Marchak & Hughes, 1988）等。

第一节 视觉拥挤效应的理论解释

拥挤现象在人们的视觉世界随处可见，对该效应的研究也已有几十年历史，但是目前关于拥挤效应的产生机制还不是很清楚。Flom, Heath和Takahashi（1963）将目标刺激与干扰刺激分眼同时呈现给被试，发现与单眼同时呈现刺激相似，分眼呈现刺激同样存在强烈的拥挤效应，表明拥挤效应可能是发生在视网膜之后的神经部位的抑制作用（Flom et al., 1963）。随后，研究者围绕拥挤效应产生机制展开了大量研究，并根据各自的研究结果，提出了多种理论假设来解释拥挤效应是如何发生的，包括从低水平的视网膜感受野机制到高水平的注意机制。

一、生理机制

早期研究者从生理学层面对拥挤效应提出了解释。光学假设（optical proposals）认为，拥挤效应的产生是由刺激的物理性质导致的。Hess等人（2000）要求被试判断呈现在中央凹视野的兰道环视标刺激（Landolt C）的缺口朝向，结果表明，当同时呈现相同对比度的干扰刺激时，对Landolt C刺激的判断准确性显著减小（Hess, Dakin & Kapoor, 2000）。Hess等人提出，在中央凹视野，邻近的干扰刺激使检测Landolt C刺激缺口朝向的“临界空间频率带”变得更高，从而减小了线索的可见性。但正如Hess本人指出的，这种光学假设不能解释外周视野的拥挤效应，因为该假设预测拥挤效应仅仅在检测接近视觉灵敏度极限的小目标时会发生，而呈现大的模糊刺激时并不产生拥挤效应，而在外周视野，即使呈现较大的刺激时，仍然会发生拥挤效应。

研究者从神经元层面也提出了多种假设，其中具有代表性的观点是知觉超柱状体假设（perceptive hypercolumn），认为拥挤效应的范围对应于皮层上固定的间距，当干扰刺激与目标刺激落在相同的“知觉超柱状体”内时，就会发生拥挤效应（Levi, Klein & Aitsebaomo, 1985），而知觉超柱状体被认为可能是刺激整合的区域（Levi, 2008）。

二、特征加工机制

生理机制主要是从生理学层面，如神经元等，对拥挤效应的发生机制进行解释，而基于特征的加工机制则从心理学层面描述拥挤效应如何产生。特征加工机制认为拥挤效应是发生在刺激特征加工阶段的一种干扰效应，主要包括以下几种假设。

（一）错误整合模型

Pelli等人（2004）结合前人的研究结果提出，普通掩蔽（ordinary masking）效应在检测任务和辨别任务中均存在，是发生在特征检测阶段的一种干扰效应，目标信号特征通常被干扰刺激掩蔽而消失，但拥挤效应与普通掩蔽不同，拥挤效应只存在于辨别任务中，在被干扰的信号特征可见的情况下，仍然会出现强烈的拥挤效应，表明拥挤效应可能是发生在特征检测之后的视觉加工阶段。因此，Pelli等提出错误整合模型（faulty-integration model）来解释拥挤效应。该模型认为，人类识别客体时包括两个加工过程，第一个过程为特征检测，该过程中，干扰刺激和目标刺激的特征在初级视觉皮层（V1区）被独立、完整地检测加工；第二个过程为特征整合，来自初级视觉皮层的特征在高级视觉皮层（如V4区）被结合成客体，而干扰刺激与目标刺激间距太小时（如小于临界间距），视觉系统会错误地整合来自干扰刺激与目标刺激的特征，如发生错觉联合（illusory conjunction），形成混乱知觉，导致目标刺激不能被识别，从而产生拥挤效应。特征的错误整合是强制而不可避免的加工过程（Chung, Li & Levi, 2008；Pelli et al., 2004；Pelli & Tillman, 2008）。

一些研究为错误整合模型提供了证据。Levi, Hariharan和Klein（2002）对光栅刺激的研究发现，即使在具有强烈拥挤效应的条件下，被试仍然能够轻易地检测到目标刺激是否呈现，因此，拥挤效应发生在特征检测阶段之后的特征整合阶段，可能是由于目标和干扰刺激的特征被错误结合导致的。Chung等（2007, 2008）考察了亮度定义的一级刺激（改变刺激亮度使其从背景中被辨别出的刺激）和对比度定义的二级刺激（改变刺激对比度使其从背景中被辨别出的刺激）间的拥挤效应，结果发现一级和二级刺激相互产生拥挤效应，即一级目标刺激的识别成绩受二级干扰刺激的损害，反之亦然。Chung等（2008）指出，由于一级和二级刺激分别在不同神经通道内被加工，因此拥挤效应是发生在一级刺激和二级刺激被结合之后，是源于目标刺激和干扰刺激的特征发生了错误整合。Sun, Chung和Tjan（2010）结合理想观察者分析（ideal observer analysis）和噪音掩蔽范式（noise-masking paradigm）对字母识别任务中的拥挤效应的研究也采用错误整合模型来解释其实验结果。

虽然错误整合模型得到众多研究者的支持，但这些证据多为间接性的，很少有研究直接证明特征间发生了整合。最近一项研究对错误整合模型的合理性提出了质疑。之前研究很少考虑刺激的结构性对拥挤效应的影响，Livne等（2007）的研究采用8个排列成圆环状的光栅作为干扰刺激，改变每个光栅相对于目标光栅的位置，使其形成不同的结构，目标刺激为位于圆环中央的光栅（图1-2），考察了干扰刺激的结构性对目标刺激的识别是否产生相同影响，结果发现不同结构的干扰刺激产生的拥挤效应不同，图1-2a结构的干扰刺激几乎不产生拥挤效应，而b和c结构的干扰刺激则产生强烈拥挤效应。错误整合模型不能很好地解释Livne等的研究结果，因为根据该模型，拥挤效应只受目标—干扰刺激间距的影响，而该研究所有结构刺激的目标—干扰刺激间距均是相同的，那么应该预期不同结构的干扰刺激会产生相同的拥挤效应，然而该研究结果与错误整合模型的预期相反，这说明当前的错误整合模型至少是不完整的，不能解释刺激结构性在拥挤效应中的作用，有待进一步完善。而在神经生理学研究方面，虽然有fMRI研究表明拥挤效应不影响V1皮层的朝向选择适应，而对V1皮层之后（如V2和V3）的朝向选择适应产生显著影响（Bi, Cai, Zhou & Fang, 2009），但是该研究结果并不能作为只支持错误整合模型的直接证据，因为有研究同样发现拥挤效应产生在V1皮层之后的视觉皮层，却采用其他理论模型来解释。错误整合模型是否是拥挤效应的产生机制，还需要更多实验证据的检验。

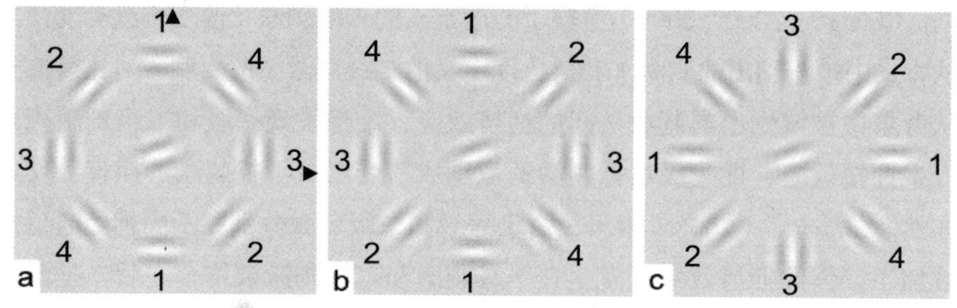

图1-2　实验刺激结构示意图

注：改编自Livne & Sagi, 2007。形成圆环的8个光栅为干扰刺激，位于圆环中央的光栅为目标刺激。图a、b、c中干扰刺激的朝向相同，但是每对干扰刺激的相对位置不同。如干扰刺激对1在图a、b中位于y轴上，而在图c中位于x轴上。干扰刺激对3在图a、b中位于x轴上，而在图c中位于y轴上。干扰刺激对2和4在图b、c的位置相同，在图a中则进行了交换。图中x、y坐标轴以及数字1、2、3、4仅为本文示意用。

（二）重心模型

Levi等人（2009）针对错误整合模型也进行了一项研究，并提出不同的观点来解释拥挤效应。他们指出，错误整合模型预期拥挤效应的强度会随着干扰刺激的大小、数量的增加而增强，干扰刺激越大，拥挤效应越强，呈现两个或多个干扰刺激产生的拥挤效应强于一个干扰刺激产生的效应。然而，他们采用心理物理法对光栅刺激的研究却发现，当固定干扰刺激外侧边缘（远离目标刺激一侧）的位置，通过向靠近目标刺激一侧方向增大干扰刺激的宽度来增加干扰刺激的大小时，与错误整合模型的预期一致，拥挤效应随着干扰刺激增大而增强，即识别目标刺激的阈值提升值随着干扰刺激增大而增大（图1–3A）；固定干扰刺激内侧边缘（临近目标刺激一侧）的位置，通过向远离目标刺激一侧方向增大干扰刺激的宽度来增加干扰刺激大小时，拥挤效应则随着干扰刺激增大而减弱，识别目标刺激的阈值提升值随着干扰刺激增大而减小（图1–3B），这与错误整合模型的预期相反；呈现2个干扰刺激环的拥挤效应显著小于1个干扰刺激环的效应（图1–3C），与错误整合模型关于干扰刺激数量的预期相反。Levi等提出一种新的观点——重心模型（centroid model）来说明该研究结果，认为在目标—干扰刺激临界间距范围内（即0.5倍目标刺激离心率范围内），拥挤效应的大小取决于各独立特征（约4~8个）重心间距离，固定干扰刺激内侧边缘增加大小时，会增加目标与干扰刺激重心间的距离，导致拥挤效应减小；而固定干扰刺激外侧边缘增加刺激大小时，会减小目标与干扰刺激的重心间距，导致拥挤效应增大；呈现多个干扰刺激环时，由于外周视觉系统倾向于将多个独立的干扰刺激整合为一个连贯的结构组织，这将增大干扰刺激环与目标刺激的重心间距，导致拥挤效应减小。

重心模型是Levi等基于他们的研究结果提出的一种新观点，虽然能够解释他们的研究结果，但是该实验结果也存在其他可能的解释，如当增加干扰刺激环的数量时（图1–3C，干扰刺激环由1个增加为2个），拥挤效应的强度减少，很可能是由于外层的干扰刺激环对内层干扰刺激环产生抑制，从而导致内层干扰刺激环对目标刺激的干扰作用减小，使拥挤效应减小。

此外，Livne和Sagi（2010）的一项研究也对重心模型提出了挑战。他们在研究中采用如图1–2所示的刺激，也考察了干扰刺激环的数量对拥挤效应的影响。其实验数据表明，当呈现两层干扰刺激环（每层刺激环由8个按照一定结构排列的光栅组成）时，被试识别目标刺激的阈值提升值大于呈现一层干扰刺激环时的提升值，且阈值提升值不随第二层干扰刺激环与目标刺激间间距的变化而变化，这说明增加干扰刺激环的数量并未减小拥挤效应，而且增加干扰刺激环之间的距离也不影响拥挤效应的大小，这与Levi等人的研究结果相反，不符合重心模型的预期。Livne等提出干扰刺激按照格式塔原则被组合成一个整体后对目标刺激的识别产生干扰作用，但遗憾的是，他们并未结合Levi等人的研究结果深入探讨干扰刺激数量及间距对拥挤效应强度的影响这一结果。

Levi等人和Livne等人的研究采用相似的刺激结构和实验范式，但结果却相反，这是由于他们实验操作不同，如呈现的视野（Levi等人采用上下视野，而Livne等采用左右视野）或刺激本身性质（Levi等人采用的干扰刺激是将一个完整的环状光栅分割成8个片段，刺激具有较强的结构组合性；而Livne等人的每个干扰刺激均为独立的光栅，结构性较弱）不同等导致的，还是由于两项研究背后可能存在更一般的共同机制，而不是如Levi等人提出的重心间距或Livne等人提出的整体结构性决定拥挤效应的产生，关于这一点有待探讨。

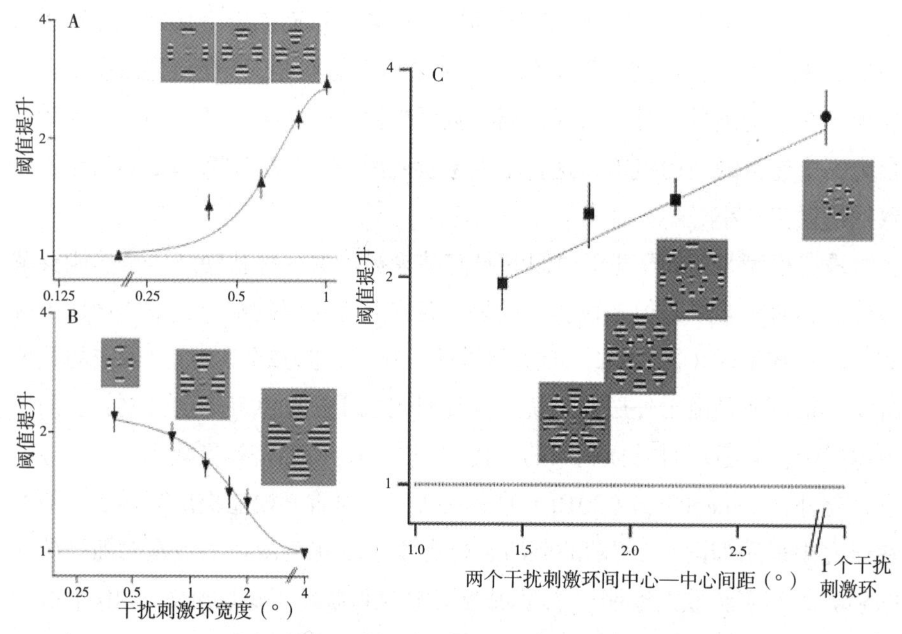

图1-3　实验刺激及结果示意图

注：改编自Levi & Carney, 2009。目标刺激为位于中央位置的光栅，环绕目标刺激四周的光栅则为干扰刺激。A：固定干扰刺激外侧边缘，向靠近目标刺激的方向增大干扰刺激的宽度，辨别中央目标刺激的阈值提高，拥挤效应增强；B：固定干扰刺激内侧边缘，向远离目标刺激的方向增大干扰刺激的宽度，辨别中央目标刺激的阈值降低，拥挤效应减弱；C：增加干扰刺激环的数量或大小，辨别中央目标刺激的阈值降低，拥挤效应减弱。

（三）强制平均模型

大部分拥挤效应研究的任务要求被试报告目标刺激的朝向或目标刺激是什么，虽然这种任务能够确定拥挤效应是否产生，但是不能确定效应是由刺激无法知觉引起的，还是由刺激无法报告引起的。Parkes等人对空间朝向信息的研究较好地回答了这个问题（Parkes, Lund, Angelucci, Solomon & Morgan, 2001）。他们的研究采用的目标与干扰刺激均为光栅，通过改变干扰刺激的数量以及倾斜的干扰刺激的数量，考察干扰刺激对目标刺激朝向判断的影响，结果表明被试虽然不能够准确报告目标刺激的朝向，但是能够知觉目标刺激与干扰刺激的总体平均朝向。因此，他们提出强制平均模型（compulsory averaging model），认为目标刺激和干扰刺激的朝向信息在最初获得了独立的知觉编码，但随后这些杂乱的朝向信号在到达意识层面之前被联合平均，拥挤效应正是由于目标刺激和干扰刺激的朝向信号间发生了强制性平均引发，而不是目标刺激的信号被干扰刺激信号掩蔽丢失导致的。

Parkes等人的研究能够很好地表明被拥挤的目标刺激没有被掩蔽丢失。但是我们不能仅根据被试能够报告出刺激系列的总体平均朝向，就推论目标刺激不能被报告是由于目标与干扰刺激发生了平均，因为当目标被干扰刺激掩蔽成阈下刺激时，也会导致目标刺激能够被知觉但不能被单独报告（Goodhew, Visser, Lipp & Dux, 2011）。Greenwood, Bex和Dakin（2009）的研究则弥补了这一缺陷。他们的研究以十字形刺激作为干扰刺激和目标刺激，要求被试明确报告出目标十字形刺激的水平横线的空间位置。实验结果表明被试最后报告的目标值为干扰刺激与目标刺激的平均值，但是这种平均值是一种加权平均值，而不是干扰刺激与目标刺激的简单平均。另一项采用变化—检测范式（change-detection paradigm，判断前后呈现的两个刺激是否相同）对光栅刺激朝向辨别的研究也为强制平均模型提供了支持性证据（Greenwood, Bex & Dakin, 2010）。

目前，关于强制平均模型的研究仍然较为有限，现有的支持性证据主要基于静态光栅刺激的研究。然而，一项对运动光栅刺激的研究结果却不符合强制平均模型的预期。Bex等人（2005）在实验中以呈现的1个运动光栅刺激为目标刺激，干扰刺激则为4个位于目标刺激四周的运动光栅刺激，实验结果显示，当这些干扰刺激的运动方向互为正交（即复杂整体运动）时，产生的拥挤效应比干扰刺激运动方向相同（即平移整体运动）时更为强烈。这一结果似乎与强制平均模型预期的“干扰刺激朝向变异性越高，拥挤效应越强”相吻合（Bex & Dakin, 2005）。然而，Bex等人进一步指出，由于复杂整体运动中的干扰刺激的运动方向是4个正交方向，这些正交的干扰刺激经平均后应该相互抵消，只剩下目标刺激的运动方向，因此根据强制平均模型，复杂整体运动中不应该出现拥挤效应，但他们的研究结果却与此预期相反，这表明运动刺激的拥挤效应不能用强制平均模型来完全解释。Bex等人针对强制平均模型的讨论，仅在其前提“不同视野位置的干扰刺激能够得到同等程度加工，并对目标刺激产生相同程度的干扰”成立的情况下才显得合理。但有研究发现，当干扰刺激呈现在目标刺激外周视野一侧时，产生的拥挤效应比呈现在中央注视点一侧时更为强烈（图1-1中字母“Z”产生的干扰效应强于“S”产生的效应）（Bouma, 1970），这说明不同视野位置的干扰刺激可能得到了不同程度的加工，从而导致对目标刺激产生的干扰强度不同。因此，Bex等人提出的观点认为运动方向互为正交的干扰刺激对目标刺激不产生影响，显然没有充分考虑到刺激呈现位置这一重要因素，这使得他们对强制平均模型的否定显得证据不足。至于运动刺激的拥挤效应能否用加权平均模型解释，仍需要后续研究进一步证实。

（四）量化模型

多种理论假设的提出表明研究者对拥挤效应的产生机制仍未达成共识，有研究者指出，相关量化模型的缺乏可能是出现这种分歧的主要原因之一，于是一些研究者开始试图为拥挤效应的产生机制提出相应的量化模型。

van den Berg等人（2010）支持特征错误整合观点，并提出基于细胞分布式群体编码方式（distributional population coding, DPC）的量化模型，图1-4为该模型示意图。该模型的输入信号包括一系列由空间位置 $\bar{\lambda}=(\lambda_x(),\lambda_y)$、朝向 θ、对比度 c 和大小 α 定义的刺激 $S=(\theta,\alpha,\bar{\lambda},c)$，模型的第一个加工层表征这些输入信号的总体概率分布（图1-4B），该分布为常态分布，其宽度（σ）与刺激离心率（$\lambda=\|\bar{\lambda}\|$）、对比度、大小相关，即

$\sigma = 0.4\left(\frac{\lambda+2.5}{\sqrt{\alpha c}}\right)$。随后，这些概率分布被作为信号输入DPC编码器，以计算每个刺激的总体编码表征信息（图1–4C）。根据DPC原则，神经细胞i对刺激$S=(\theta,\alpha,\bar{\lambda},c)$的平均反应（$r_i$）为：

$$\langle r_i\rangle = r_{base} + \int\{\frac{1}{2\pi I_0(k)}\exp[k\cos(s-\theta^*)]\}\times\{g_{\max}[1-\frac{q}{1+e^{a(c\alpha-b)}}]\times\exp[\frac{\cos(s-s_i)-1}{2\sigma_t^2}]\}ds \quad (1)$$

r_{base}为细胞自发活动。$I_0(k)$为0阶修正贝塞尔函数。k为统计离差反算值，$k\triangleq\sigma^{-2}$。s为刺激的朝向范围，$-\pi\le s<\pi$。θ^*为从平均值为θ、标准差为σ的正态分布$N(\theta,\sigma^2)$中获取的朝向值。$g_{\max}$为细胞的最大放电速率。s_i为细胞i的最优朝向。σ_t^2为细胞调谐曲线的宽度，代表V1视觉皮层内简单细胞的性质。a、b、q为常数，a=1.5，b=1.2，q=1.16。

第一加工层获取的多个（N）刺激表征信息在接下来的第二个加工层中被空间整合（图1–4D）。第二加工层中，存在一个与皮层位置$\bar{\lambda}_h$有关的细胞群体编码$R_h=\{R_{h,1},\ldots,R_{h,J}\}$，该群体编码为对N个输入刺激信号的编码表征的加权求和：

$$R_{hi}=\sum_{k=1}^{N}w(\bar{\lambda}_h,\bar{\lambda}_k)r_{ki} \quad (2)$$

空间整合的权重$w(\bar{\lambda}_h,\bar{\lambda}_k)$取决于初级视觉皮层内“整合细胞”的位置与用于编码输入刺激信号的细胞之间的皮层距离，权重函数为：

$$w(\bar{\lambda}_h,\bar{\lambda}_k)=\exp(-\frac{[d_{rad}(\bar{\lambda}_h,\bar{\lambda}_k)]^2}{2\sigma_{rad}^2}-\frac{[d_{\tan}(\bar{\lambda}_h,\bar{\lambda}_k)]^2}{2\sigma_{\tan}^2}) \quad (3)$$

$\bar{\lambda}_h$为编码刺激信号的细胞的皮层位置，$\bar{\lambda}_k$为整合细胞的位置，$d_{rad}(\bar{\lambda}_h,\bar{\lambda}_k)$和$d_{\tan}(\bar{\lambda}_h,\bar{\lambda}_k)$分别为细胞间径向和切向皮层距离，$\sigma_{rad}$和$\sigma_{\tan}$则分别为皮层整合区域的径向和切向大小。

van den Berg等人（2010）通过多个模拟实验，采用不同朝向、对比度的刺激对他们的量化模型进行了检验。例如，在目标辨别阈值和临界间距估计的模拟实验中，目标与干扰刺激按照上述的分布式群体编码方式进行编码表征，然后根据贝叶斯函数，将与目标位置相关的群体编码整合信息解码成一个混合的正态分布（图1-4E），对解码的概率分布的峰值所对应的朝向信号与输入的目标刺激信号进行比较，如果二者相同，则记为正确，如果不同则记为错误，随后计算正确率为75%时的目标刺激的对比度。研究结果发现，由模型得出的实验结果与人类被试获得的实验结果相同，表明该量化模型能够很好地预测拥挤效应，这为拥挤效应的特征整合假设提供了量化模型。

van den Berg等人的量化模型从神经生理层面对拥挤效应的产生机制进行模拟，与此不同，Põder和Wagemans（2007）则从行为层面对拥挤效应的产生机制进行了量化。Põder等人将具有不同空间频率、朝向和颜色特征属性的光栅作为目标刺激和干扰刺激，要求被试识别目标刺激。对错误反应的分析表明，拥挤效应的产生至少源于两种错误，包括特征错误（主要表现为目标刺激与干扰刺激的特征发生了“错觉联合”）与客体定位错误（如将干扰刺激错误地识别为目标刺激）。Põder等据此提出简单的量化模型来拟合他们的研究结果，该模型认为，正确判断目标刺激的概率（P_c）由选择目标刺激位置的概率（P_L）以及选择目标刺激某个特征时所犯错误的概率（$P_{E1.}P_{E2.}P_{E3}$）共同决定，即$P_c=P_L\times(1-P_{E1})\times(1-P_{E2})\times(1-P_{E3})$，而错误选择刺激特征的概率则与各个非目标特征的出现次数成比例，$P_{Ek}=P_{EM}\times N_{NTFk}/N$（$P_{Ek}$为选择特征K时犯错误的概率，$P_{EM}$为错误选择特征的最大概率，$N_{NTFk}$为具有非目标特征K的客体的数量，N为呈现的客体的总体数量）。Põder等进一步提出，干扰刺激对错误选择某个特征的概率的影响还受干扰刺激与目标刺激在其他特征维度上的相似性的调节，即$P_{Ek} = P_{EM}\times\Sigma(D_{TDik}/D_{TDi})/N$（$D_{TDik}$为目标与干扰刺激i在特征维度K上的差异，$D_{TDi}$为目标与干扰刺激i的差异）。

除了以上模型外，还有一些研究者根据各自的假设从不同角度提出了多种量化模型，如Dayan和Solomon（2010）提出的量化模型主要解释拥挤效应的空间不对称性，考察干扰刺激在远离中央注视点一侧时产生的干扰效应大于靠近中央注视点一侧时的效应；Parkes等人（2001）提出的量化模型则主要解释他们的强制平均结果。

提出好的量化模型是拥挤效应研究的趋势。然而，目前提出的模型仍然停留在解释部分研究结果的阶段，还缺乏具有领域普遍性的模型，而且量化模型的提出需要以一定的理论假设作为基础。因此，要提出具有领域普遍性的量化模型，还需要对拥挤效应的产生机制进行更深入的探究。

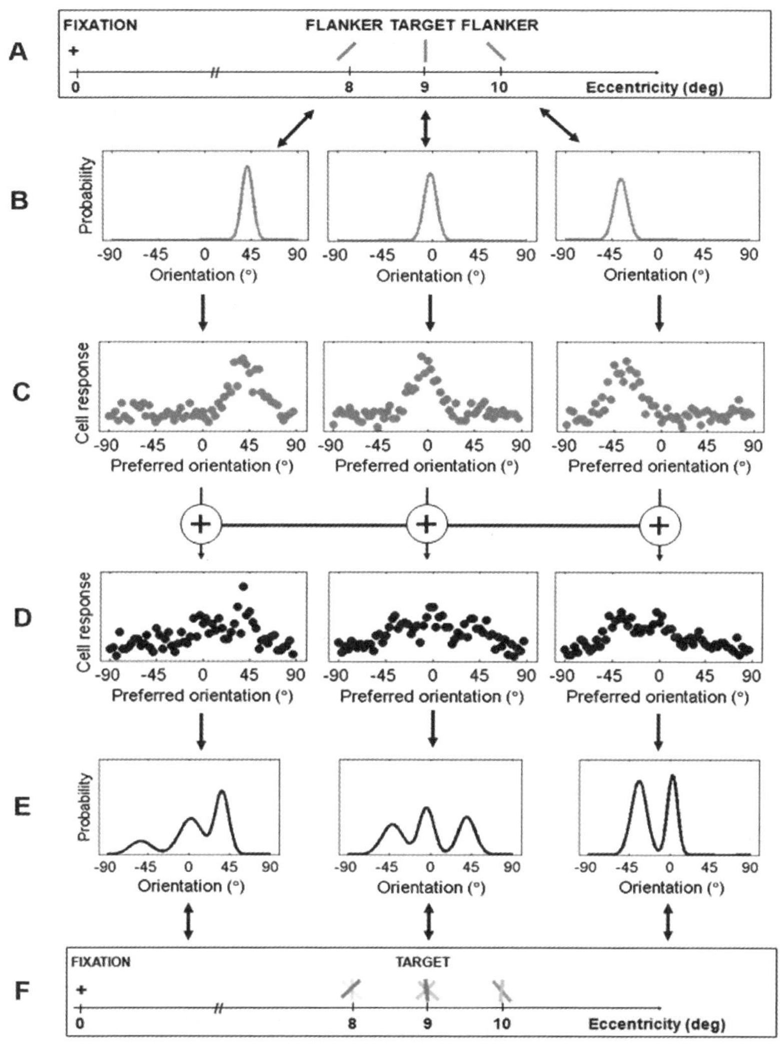

图1–4　量化模型示意图

注：采自van den Berg, Roerdink & Cornelissen, 2010。A：刺激信号S，包含空间位置、朝向、对比度和大小参数；B：刺激信号对应的概率分布；C：模型第一层，根据方程（1）计算得出每一个刺激概率分布对应的神经表征活动；D：模型第二层，根据方程（2）、（3）计算得出每个位置的刺激对应的神经表征活动，每个位置的神经活动由相邻位置的神经活动加权整合而成；E：根据贝叶斯函数将D中的整合信息解码成混合的常态分布，每一个概率分布代表对相应位置的刺激朝向的知觉；F：由于信息整合，对空间上临近的刺激朝向的知觉被干扰。

综上，基于特征加工的各个模型一致认为刺激的特征得到了准确加工，而拥挤效应发生在特征检测之后的特征整合阶段。虽然各模型对特征如何被整合持不同观点，但这些模型本质上并不是相互排斥，而可能是互为补充的关系。针对非空间特征刺激（如字母）的识别任务提出的错误整合模型认为目标刺激与干扰刺激的特征发生了错误结合，而根据空间特征刺激（如朝向、位置）判断任务提出的强制平均模型则认为目标与干扰刺激的特征间进行了平均，二者虽然对刺激特征间相互干扰方式的描述不一致，但可能反映了相同的加工过程，即非空间特征的错误结合与空间特征的强制平均反映了不同类型特征的整合方式。与错误整合、强制平均模型不同，重心模型着重强调刺激间间距以及干扰刺激的结构性对拥挤效应强度的影响，但该模型没有明确提出被结合成整体后的干扰刺激如何影响目标刺激的识别，同时也未对不能结合成整体的干扰刺激如何影响目标识别进行假设。重心模型实际上是对错误整合模型、强制平均模型的补充，呈现多个干扰刺激时，如果刺激间结构性较强，则倾向于被知觉为一个整体，然后与目标刺激产生特征结合，而干扰刺激间结构性较差时，则作为独立的个体与目标刺激发生特征结合干扰。

三、位置不确定假设

几项对字母刺激的拥挤效应的研究表明，当要求被试报告目标刺激时，将干扰刺激当作目标刺激报告的概率远远高于将未呈现的字母当作目标刺激报告的概率（Huckauf & Heller, 2002；Strasburger, 2005）。因此，有研究者提出，拥挤效应也可能是刺激位置不确定（Positional uncertainty）的结果导致的，即由于注意的空间定位准确性受限，被试不能准确对目标刺激进行定位，因此错误地将干扰刺激当作目标刺激进行了报告（Huckauf & Heller, 2002；Strasburger, 2005）。

四、注意假设

注意是否是导致拥挤效应产生的原因？采用空间线索化范式的几项研究表明，线索对拥挤效应不产生或产生很小的作用，当被试精确地知道目标将在何时何地出现时，仍然产生拥挤效应（Nazir, 1992；Strasburger, 2005），表明拥挤效应不是由于注意的缺乏引起的。He等人（1996）的研究发现，当要求被试报告刺激的朝向时，外周视野存在显著的拥挤效应，然而，朝向适应效应却不受拥挤效应的影响，单独呈现（非拥挤条件）或与干扰刺激同时呈现（拥挤条件）的目标刺激会产生相同的朝向适应效应。该结果表明被试虽然不能有意识地报告刺激的朝向，但是朝向信息实际上并没有被损害，而是在初级视觉皮层得到了准确加工。因此，He等人提出注意分辨率假设，认为拥挤效应是由于外周视野的空间注意分辨率较差，使个体不能够将目标刺激与干扰刺激进行有效分离，从而阻止了目标刺激到达知觉意识层面，导致被试不能准确报告该目标刺激。

Blake等人（2006）认为He等人的研究采用了对比度较高的刺激，这种刺激产生的饱和后效可能会掩盖视觉拥挤对适应效应的调节作用，因此他们的研究采用对比度较低的刺激，结果发现视觉拥挤显著减小了适应效应。该结果与He等人（1996）的研究相反，这无疑对He等人的注意分辨率假设提出了挑战。Scolari等人（2007）发现注意能够提高对拥挤结构中的目标刺激的辨别力，但是对拥挤效应的临界间距（critical spacing，指干扰刺激能够对目标刺激产生干扰的最大空间间距）大小不产生影响，表明拥挤效应可能并不是由有限的注意分辨率决定的（Dakin, Bex, Cass & Watt, 2009；Mareschal, Morgan & Solomon, 2010）。

第二节　视觉拥挤效应的影响因素及发生水平

一、拥挤效应的影响因素

大量研究，尤其是行为研究，都在探讨影响拥挤效应的因素有哪些，并试图通过对这些因素的考察来揭示拥挤效应的机制。已有研究表明，拥挤效应的产生与强度会受以下因素影响。

（一）任务类型

拥挤效应产生与否，与任务的类型有密切关系。大部分研究表明，检测任务中不存在拥挤效应。Pelli等人（2004）以大写英文字母作为研究材料，考察了字母检测任务和辨别任务中的拥挤效应，检测任务中，被试被要求判断目标字母是否出现，而辨别任务则要求被试判断刚才呈现的目标字母是什么，结果表明，检测任务中不存在拥挤效应，而辨别任务中则存在显著的拥挤效应。Liven等人（2007b）要求被试判断目标光栅刺激的朝向，结果同样表明检测任务中不存在拥挤效应，而辨别任务中存在显著的拥挤效应。然而，另一些研究则发现拥挤效应同样存在于检测任务中。例如，Põder（2008）的研究采用不同朝向的光栅刺激作为实验材料，结果发现拥挤条件下被试检测目标刺激的正确率显著低于非拥挤条件下的正确率，说明检测任务中均存在拥挤效应。任务的不同以及刺激的差异可能是导致研究结果不一致的原因，因此关于任务类型是否影响拥挤效应的产生以及产生影响的条件，需要进一步探讨。

（二）刺激相似性

有研究表明，拥挤效应的强度依赖于目标刺激与干扰刺激的相似性。有研究者采用不同对比度、形状、深度、颜色等刺激分别作为目标刺激和干扰刺激，结果发现辨别对比度、深度、形状不同的刺激时，其辨别成绩非常好，不存在拥挤效应，但辨别颜色不同的刺激时，并不是所有被试都表现出很好的成绩，而是表现出显著的拥挤效应（Kooi, Toet, Tripathy & Levi, 1994）。Põder（2007）在研究中改变目标字母或干扰字母的颜色，或者改变两者呈现的空间位置的背景颜色，结果同样表明目标与干扰刺激的颜色相似性影响拥挤效应的大小，当目标刺激与干扰刺激越相似，拥挤效应越大，当目标与干扰刺激不相似但空间间距足够小时，也存在拥挤效应。Põder（2006）在另一项研究中以蓝色线条为目标刺激，红色线条为干扰刺激，结果同样表明刺激间颜色不相似时仍然存在拥挤效应，但是随着干扰刺激个数增加，拥挤效应越小，即表现出对目标刺激的识别成绩越好。

以上几项研究结果表明，虽然刺激的相似性会影响拥挤效应的大小，但是并不是拥挤效应产生与否的决定性因素。因为Põder（2006，2007）的两项研究均表明，即使在刺激不相似的条件下，只要刺激间空间距离足够小，依然会产生拥挤效应。但令人奇怪的是，Põder（2006）的研究同时还表明，不改变目标刺激与干扰刺激的空间间距，增加干扰刺激的个数，反倒会使拥挤效应消失。Põder认为，被干扰刺激包围的目标刺激被当作一个突显的刺激，而自下而上的注意易化了对该刺激的加工。但该假设需要进一步证据验证。

（三）刺激个数

干扰刺激数量的多少影响拥挤效应的强度，但影响效果因任务和刺激数量不同而存在差异。Pelli（2004）的研究发现，当呈现的干扰刺激数从1个增加至2个时，要正确识别目标字母所需对比度的阈值显著提高，但是干扰刺激数从2个增加至4个时，则不存在这种对比度阈值提高的效应。而Strasburger等人（1991）的研究认为，当干扰刺激数量从2个增加至4个时，同样出现了对比度阈值提高的效应。那么，是不是干扰刺激越多，拥挤效应越强呢？Põder（2008）的研究显示，在检测任务中，当干扰刺激个数增至6个时，出现了显著的拥挤效应，而辨别任务中，拥挤效应的强度则随着干扰刺激个数的增加而减少，甚至消失。Levi等人（2009）也发现，拥挤效应会随着干扰刺激个数和大小的增加而减小。

干扰刺激数量对拥挤效应的影响是如何产生的？Põder（2006）认为，当干扰刺激个数越多，目标刺激的相对显著性就越大，更容易捕获注意，因此能够被很好地加工，导致拥挤效应消失。Levi等人（2009）则认为拥挤效应的大小决定于各个独立特征的重心间的空间距离，干扰刺激增大或数目增多，导致目标与干扰刺激的重心间距变大，从而使拥挤效应减小。

（四）练习

拥挤效应是否同知觉学习一样受练习的影响？Wolford等人（1988）研究表明，当连续8天训练被试识别被拥挤的目标刺激时，被试的目标识别成绩并未因练习而得到改善（实验2）。Huckauf 等人（2007b）的研究却表明，练习能够减小拥挤效应，但是这种减小只是特定于被训练的字母串（实验1），而且这种练习效应不会发生迁移，只局限于练习时采用的视网膜离心率以及目标—干扰刺激间的空间间距（实验3）。Huckauf等认为，拥挤效应可能是源于对刺激缺乏高水平的表征，而这种高水平表征可以通过对刺激视觉特征的学习获得。

除以上因素外，影响拥挤效应的因素还有很多，包括目标刺激的离心率、目标与干扰刺激的空间间距、视野等。

二、拥挤效应的发生水平

有研究者指出，拥挤效应的产生可能是源于对刺激缺乏高水平的表征（Huckauf & Nazir, 2007），也就是说，被拥挤的刺激不能够形成正确的客体表征，因此不能被报告。视觉加工包含多个水平，包括低水平特征加工以及高水平的客体表征等。拥挤效应究竟发生在视觉加工的哪个水平，对该问题的探讨有助于确定拥挤效应的发生机制。当前已有部分研究对该问题进行了考察。

（一）特征加工水平

拥挤效应可能发生在特征加工阶段。先前研究表明，刺激特征信息并没有在拥挤中被抑制丢失（He, Cavanagh & Intriligator, 1996；Parkes et al., 2001），被拥挤的刺激能够产生适应效应（He et al., 1996），被试也能够准确检测被干扰刺激拥挤的目标刺激是否呈现（Levi, Hariharan & Klein, 2002；Pelli et al., 2004），这说明刺激的特征并没有被抑制，而是得到了加工，因此拥挤效应可能是发生在特征检测之后的加工阶段。研究者据此提出了多种相应的特征加工理论。但也有部分研究得出了相反的结果，如Põder等人（2008）的研究发现检测任务中同样存在拥挤效应，Blake等人（2006）发现被拥挤的刺激不能产生适应效应，这些研究结果表明刺激的特征加工可能受到了损害。

上述研究所得出的不一致结果可能源自研究者所采用刺激材料的特征属性的良好性的差异。比如，Põder等人（2008）采用的刺激为较小的光栅刺激，Blake等人（2006）则主要采用低对比度光栅刺激作为实验材料。这些矛盾的研究结果并没有否定“拥挤效应发生在特征加工水平”的观点，而是证明了目标刺激本身的特征属性的良好程度可能会调控干扰刺激损害目标刺激特征加工的强度，当目标刺激的特征属性良好时（如大或对比度高等），对目标刺激特征的加工受干扰刺激的干扰损害小，当目标刺激特征属性不良时（如小或对比度低等），则受干扰刺激的干扰损害大。

（二）客体表征水平

当大多数研究者都集中于探讨干扰刺激与目标刺激的特征间如何相互作用时，一些研究者开始关注拥挤效应是否可能发生在特征加工之外的更高级的视觉加工水平。Louie等人（2007）指出，个体对面孔通常采用整体编码加工方式，因此他们以正立和倒立面孔作为目标与干扰刺激，考察了面孔拥挤效应，结果发现正立的面孔干扰刺激对辨别正立的目标面孔刺激的影响显著大于倒立面孔干扰刺激对正立目标面孔刺激的影响，而目标刺激为倒立面孔或非面孔刺激（如房屋）时则不产生这种干扰现象。该研究说明，面孔拥挤效应能够选择性地发生在刺激整体表征水平。Farzin等人（2009）对Mooney面孔的研究同样支持拥挤效应可能发生在特征加工之外的高级视觉加工水平。

Chakravarthi等人（2009）以不同缺口朝向的灰色方块C作为目标与干扰刺激，在拥挤范式中采用噪音掩蔽（noise masks，在短刺激时间间隔下先后呈现空间上重叠的目标刺激与随机点图案，产生于视觉加工早期阶段）、偏对比掩蔽（metacontrast masks，在中等刺激时间间隔下先后呈现空间上不重叠但轮廓紧邻的目标刺激与掩蔽图案，同样产生于视觉加工早期阶段）和客体替代掩蔽（object substitution masks，掩蔽刺激与目标刺激同时呈现、但在空间上不重叠且掩蔽刺激延迟消失，被认为产生于视觉加工晚期阶段）方式对干扰刺激进行后向掩蔽，结果发现噪音掩蔽和偏对比掩蔽使拥挤效应显著减小，而客体替代掩蔽对拥挤效应不产生显著影响，这表明拥挤效应不是发生于低水平加工阶段的干扰效应，而是发生在特征抑制之后、整体刺激表征被替代掩蔽之前的某个加工阶段（Chakravarthi & Cavanagh, 2009）。

拥挤效应是发生在特征加工水平还是客体表征水平，当前的研究还无法对该问题作出明确回答。支持特征加工水平的研究通常采用字母、线条朝向等刺激，而支持客体表征水平的研究则采用面孔等具有整体加工方式的刺激。是否不同刺激的拥挤效应发生在不同的加工水平、具有不同的产生机制，还有待进一步探讨。

第三节 研究设计

一、研究方法

在视觉拥挤效应研究领域，研究者通常从行为层面和神经生理学层面探讨拥挤效应的产生条件及机制。

（一）行为研究

在行为研究中，常采用辨别目标刺激时的阈值变化、正确率以及实际估计值等作为判断拥挤效应的指标。

1.辨别阈值

大部分拥挤效应研究者通常采用心理物理法，通过改变目标刺激的对比度（Pelli et al., 2004；Strasburger, Harvey & Rentschler, 1991；van den Berg, Roerdink & Cornelissen, 2010）、方向（Levi & Carney, 2009；Livne & Sagi, 2010）等刺激属性，测量个体识别目标刺激的正确率达到某个标准（如75%）时所需的刺激属性值（如对比度、亮度值等），该值即被称为辨别阈值。拥挤效应则是通过比较有干扰刺激和无干扰刺激条件下辨别阈值的差异来衡量。例如，Levi等人（2009）采用无干扰刺激条件下的方向辨别阈值除以有干扰刺激条件下的辨别阈值（即阈值提升，threshold elevation）作为衡量拥挤效应的指标，阈值提升值为1则表明不存在拥挤效应。Livne等人（2010）在其研究中同样以阈值提升作为衡量拥挤效应的指标，但与Levi等人稍有不同的是，该项研究以有干扰刺激条件下的辨别阈值减去无干扰刺激条件下的辨别阈值作为阈值提升值，提升值为0则表明不存在拥挤效应。两种关于阈值提升值的算法虽然不同，但本质上不存在质的差异。

虽然研究者可以在一定程度上通过考察拥挤效应条件下辨别客体的阈值变化情况来揭示拥挤效应的产生机制，但正如Neri等人（2006）指出的，我们很难根据阈值变化确定个体的知觉到的经验，因为我们不能够确切地将阈值变化归因于知觉的客体太多还是没有准确知觉到目标客体，而这两种可能都会造成错误反应，导致对目标刺激的辨别阈值发生变化。

2.正确率

研究者也常以正确率作为衡量拥挤效应大小的指标。Chung等人（2009）考察了拥挤和非拥挤条件下被试对目标刺激的辨别正确率，结果发现拥挤条件下辨别目标刺激的正确率显著小于非拥挤条件下的正确率，表明研究中存在显著的拥挤效应（Chung & Mansfield, 2009）。Põder（2008）以正确率为指标，考察了检测任务中是否存在拥挤效应，结果发现，对目标刺激的检测正确率因干扰刺激的呈现而降低（Põder, 2008），表明检测任务中同样存在拥挤效应。面孔拥挤效应的研究同样表明目标面孔的识别正确率受干扰面孔刺激的影响（Farzin et al., 2009）。

已有很多研究均采用正确率来作为衡量拥挤效应是否产生的指标。但是同辨别阈值指标相似，正确率虽然能够说明干扰刺激对客体的识别是否产生影响，但是不能很好地揭示这些干扰刺激如何影响个体对目标刺激的知觉，因为我们无法仅根据正确率的变化来确定被试究竟知觉到了什么。

3.实际反应

除了辨别阈值和正确率之外，部分研究者也会对被试作出的实际反应进行分析，如分析被试报告的目标刺激的朝向、空间位置等。Greenwood等（2009, 2010）的研究记录了被试对目标刺激朝向和位置的估计，结果发现其估计值更接近于干扰刺激与目标刺激的朝向、位置的加权平均值（Greenwood, Bex & Dakin, 2009；Greenwood et al., 2010），而不是干扰刺激值对目标刺激值的简单替代。

与辨别阈值和正确率相比，被试作出的反应能够较好地反映其知觉经验，但是这种指标也具有一定的局限性。例如，实际反应依赖于被试的主观报告，当干扰刺激和目标刺激均为复杂的多特征刺激时（如字母），被试可能只能知觉到混乱的、无法报告的客体，此时，我们则很难考察到被试的知觉经验。

（二）神经生理学研究

随着认知神经科学的发展，研究者开始采用一些神经生理指标来考察拥挤效应。当前关于拥挤效应的神经生理学研究主要采用的研究技术为功能性磁共振技术（fMRI）。Bi等人（2009）在一项fMRI研究中，记录被试完成拥挤效应任务时大脑皮层的血氧信号变化情况，以此考察拥挤效应的皮层位置，结果表明拥挤和非拥挤条件下V1皮层的血氧信号没有显著差异，而在V1以后的皮层（包括V2、V4）上则存在显著差异，因此Bi等人提出，拥挤效应发生在V1皮层以外的高级视觉皮层，说明拥挤效应可能是由于刺激特征被错误整合导致的。

虽然fMRI能够很好地确定拥挤效应产生的皮层位置，但是要明确拥挤效应如何产生、被拥挤的目标刺激如何被知觉等问题，还需要采用更加精确的实验设计、结合多种神经生理学研究技术进一步探讨。

二、已有研究的不足

拥挤效应是如何产生的，自该效应提出以来，研究者就开始致力于探讨该问题。然而，迄今为止，我们仍然无法确定该效应的机制。回顾当前关于拥挤效应的研究，还存在以下几方面的不足。

（一）理论的不确定性

已有的拥挤效应理论一致认为被拥挤刺激的特征能够被大脑皮层准确登

记，但是这些被知觉到的特征在随后的加工过程中出现了问题。

拥挤效应的特征加工机制认为，拥挤效应发生在视觉加工早期阶段，由于目标刺激与干扰刺激的特征间发生了错误结合或平均，致使目标刺激不能被正确报告（Chakravarthi & Cavanagh, 2009；Chung, Levi & Legge, 2001；Parkes et al., 2001；Pelli et al., 2004）。与特征加工机制不同，位置不确定假设和注意假设则认为目标刺激与干扰刺激的特征间并没有被过度整合，被拥挤的目标刺激能够得到独立完整的加工，拥挤效应可能发生在客体选择判断阶段。在几项字母辨别研究中，研究者对被试的错误反应进行分析，发现被试能够报告被拥挤的目标刺激，但通常会错误地将干扰刺激当作目标刺激报告，因此研究者提出了位置不确定假设（Positional uncertainty），认为被拥挤的目标刺激能够被准确识别，但由于外周视野内注意的空间定位准确性有限，被试不能准确定位目标刺激，因而将干扰刺激当作目标刺激进行报告（Huckauf & Heller, 2002；Popple & Levi, 2005；Strasburger, 2005）。与位置不确定假设类似，注意分辨率假设（Attentional resolution）认为拥挤效应是由于外周视野内空间注意的分辨率较差，目标刺激不能够从干扰刺激中被有效分离，从而未达到知觉意识层面，导致不能被准确报告（He et al., 1996；Intriligator & Cavanagh, 2001）。

那么，拥挤刺激不能被有效报告，到底是由于目标刺激的特征与干扰刺激的特征发生错误整合、形成混乱知觉导致的，还是由于对目标刺激的空间位置不能准确定位或者不能将目标刺激从干扰刺激分离而达到意识层面导致的，已有的研究结果和理论假设都不能明确解决这个争论。

（二）研究方法的局限性

特征加工机制与位置不确定、注意分辨率假设的主要分歧在于目标与干扰刺激的特征是否被过度整合。然而，当前的研究还无法解决这一争论，这可能是由于研究方法上的不足导致的。

首先，大多数行为研究以辨别目标的阈值变化作为衡量心理过程的指标。具体操作方式为，考察在有和无干扰刺激条件下目标刺激刚好能够被正确识别时的阈值（包括大小、对比度、方向等阈值）的相对差异，从而确定干扰刺激是否对目标刺激的识别产生影响。虽然辨别阈值能够让我们确定目标刺激的识别受哪些因素影响，却很难根据阈值变化来测量个体的知觉经验，因为我们无法确定阈值的变化是知觉的客体太多还是没有准确地知觉到目标客体引起的（Neri & Levi, 2006）。而以正确率为指标的研究同样存在该问题。

其次，在神经生理学研究方面，研究者常采用功能性磁共振（fMRI）技术，发现拥挤条件和非拥挤条件下初级视觉皮层（如V1区）上的血氧依赖水平（BOLD）几乎不存在显著差异，而在较晚视觉皮层（如V2.V4区）存在显著差异，表明刺激特征在初级视觉皮层被准确加工（Arman, Chung & Tjan, 2006；Bi et al., 2009）。根据以上研究证据，研究者提出目标刺激的特征被准确检测加工，拥挤效应可能是发生在特征检测之后的特征整合阶段。然而，虽然fMRI的空间、时间分辨率能够分别达到毫米和秒级，但对于研究拥挤效应，其空间、时间分辨率的精度可能仍稍显不足。Meirovithz等人对动物采用高时间、空间分辨率的电压敏感染色成像（voltage-sensitive dye imaging）技术的研究发现，初级视觉皮层上刺激诱发的神经活动具有一定的空间扩散性（spatial spread），即使不呈现目标刺激，临近干扰刺激的呈现也会导致与目标刺激对应的初级视觉皮层位置产生神经激活（Meirovithz et al., 2010）。而且，即使能够精确确定拥挤效应发生的皮层位置，我们仍然很难精确地将该效应归因于某种确定的加工机制，因为同一个皮层脑区会负责多种认知加工。fMRI研究能否作为拥挤效应产生机制的证据，还需要进一步精确的实验设计进行探讨。

事件相关电位（ERP）技术具有较好的时间分辨率，能更直接、实时地测量个体的知觉加工。同时已有大量研究对ERP的各种成分进行了探讨，并对各个成分反应的心理加工过程具有较为明确的结论，如N400反应对刺激的语义加工、N270与刺激的特征加工相关、P3则与知觉意识加工有关等。因此，本研究将结合适当的心理学实验研究范式诱发相应的脑电成分，考察被拥挤的目标刺激如何被干扰，以期能揭示拥挤效应的认知加工机制。

三、本研究假设与方案

Faivre等人以被拥挤的面孔和朝向信号作为启动刺激，考察该启动刺激对随后呈现的目标刺激的判断是否产生影响，结果发现启动刺激与目标刺激一致时的反应显著快于不一致时的反应（Faivre & Kouider, 2011）。Huckauf等人的研究则要求被试对被拥挤的目标数字进行大小比较，结果发现被试能够作出正确的大小判断，说明被拥挤刺激的语义信息可能得到了加工（Huckauf, Knops, Nuerk & Willmes, 2008）。以上研究表明被拥挤的目标刺激虽然不能被报告，但有可能被作为一个独立客体得到编码加工。

然而，以上两项研究仅仅是对个体行为反应的考察，个体的行为反应通常反映了多个认知过程的总和，我们很难将某一种行为结果直接归于某个心理过程，而且以上两项研究主要采用面孔和简单刺激（线条和数字），其他复杂刺激（如具有多个特征的汉字）被拥挤时，是否也能够获得同等程度的加工，能否被准确加工成一个完整、独立的客体，还有待进一步实验的检验。因此，本研究拟结合具有高时间分辨率的事件相关电位（ERP）技术和高空间分辨率的功能性磁共振技术（fMRI），从拥挤刺激的特征加工与意识加工两个层面考察被拥挤刺激的心理加工过程，并同时探讨注意对拥挤效应的调控作用。

（一）视觉拥挤刺激的特征检测与整合

He等人（1996）在研究中指出，被拥挤的单特征刺激（如朝向线条、光栅等）能够产生适应效应，说明被拥挤刺激能够获得感知加工，不能被报告是因为该刺激信息不能获得有意识加工。刺激的单个特征能够被有效知觉登记，这是当前拥挤效应研究者的共识。但是，对于多特征刺激，如汉字或字母，其多个特征是否也能够被准确知觉整合并形成正确的客体刺激，以前的研究还鲜少有涉及该问题。因此，本研究通过3项实验，考察被拥挤的汉字刺激的特征是否能够获得准确的检测与整合：

实验1　拥挤效应的重要特征是，被拥挤的刺激能够被准确检测，但是不能被辨别。本实验考察被拥挤刺激在外周视野位置能否被正确检测到，为后续研究提供合理的参数。

实验2 结合语义启动范式和ERP技术，对启动刺激进行拥挤干扰，考察被拥挤的启动刺激能否产生语义启动效应（以N400成分为指标）。根据位置不确定假设和注意假设，如果被拥挤的多特征启动刺激能够被准确地知觉整合，我们可以预期该启动刺激能够产生显著的语义启动效应。

实验3 对目标刺激进行拥挤干扰，而不干扰启动刺激，进一步考察被拥挤的目标刺激能否获得正确的知觉加工。

（二）视觉拥挤刺激的意识加工

注意假设提出，被拥挤的刺激不能到达个体的知觉意识层面，因此不能被外显报告。因此，本研究采用3项实验，考察被拥挤的刺激为什么不能够被有效报告：

实验4 结合跨通路延迟反应实验范式和ERP技术，考察拥挤效应出现的时程及认知机制。根据注意假设，如果被拥挤的刺激可以被知觉、但是不能进入个体的知觉意识过程，那么可以预期对拥挤刺激的加工可以诱发与刺激识别相关的早期成分，但是该成分主要出现在大脑后部区域，而不能到达前额叶皮层区域（Dehaene, Changeux, Naccache, Sackur & Sergent, 2006；Dehaene et al., 2001）。

实验5 结合Oddball实验范式和ERP技术，考察被拥挤刺激能否诱发P3成分，为拥挤刺激不能进入知觉意识提供进一步的实验证据。如果被拥挤刺激不能被意识加工，则可以预期其不能诱发显著的P3成分。

实验6 结合视觉选择性注意范式和具有高空间分辨率的fMRI技术，进一步考察加工拥挤刺激时诱发的神经活动，探明拥挤效应产生的神经基础，检验被拥挤刺激是否获得了意识加工。

（三）注意对视觉拥挤效应的调控

关于注意与拥挤的关系还存在较大争议，第一种观点认为拥挤是不受注意影响的自下而上加工，第二种观点认为拥挤是受注意调控的自上而下的加工，第三种观点则认为拥挤是自下而上和自上而下加工的结合。为了考察这一争论，本项研究在实验4的基础上，通过改变目标与干扰刺激间的距离以及对目标刺激的注意状态，记录被试识别目标刺激时的事件相关电位成分，以检验拥挤与注意的关系。

第二章　视觉拥挤刺激的特征检测与整合

第一节　实验1　视觉拥挤刺激的特征检测

一、引言

大量研究表明，拥挤效应的一个重要特征是，检测任务中不存在拥挤效应，被试能够准确检测到被干扰刺激拥挤的目标刺激是否呈现（Levi et al., 2002；Livne & Sagi, 2007；Pelli et al., 2004），而辨别任务中则存在显著的拥挤效应，即当目标刺激被干扰刺激拥挤时，被试不能准确识别出该目标刺激是什么，比如不能识别目标刺激的朝向（He et al., 1996；Parkes et al., 2001）。但已有的研究大多以单特征刺激为实验材料，多特征的复杂刺激被拥挤时是否依然能够作为一个整体被准确检测到，还有待考察。因此，本实验以具有多个特征的汉字刺激作为实验目标刺激，假字作为干扰刺激，考察在本研究条件下的检测任务中是否存在拥挤效应，并为后续研究提供合理的参数。

二、方法

（一）被试

招募10名在校大学生（4名男生），视力或矫正视力正常，平均年龄为23.20 ± 2.821，均为右利手，母语为汉语。所有被试在实验之前均未参加过同类实验，并对本次实验目的不了解。

（二）材料与仪器

实验材料包括4个白色假字和400个白色真字组成。假字采用windows TrueType造字程序制作（如，“䇾”），字体为宋体，该类假字包含笔画特征，但不具有语义，在实验中被用作侧翼干扰刺激。真字为从陆其林的硕士论文实验材料（陆其林，2010）和《现代汉语频率词典》（北京语言学院，1986）中挑选出的高频汉字，笔画为2~18划，在实验中被用作目标刺激。

所有汉字刺激均采用Adobe photoshop CS5制作成视角大小为1° × 1°、背景为灰色（128，128，128）的图片，并对其亮度、对比度进行统一处理。刺激呈现于22寸iiyama MA203DT D彩色显示器，其背景为灰色（128，128，128），刷新率为100Hz。

（三）实验设计和程序

实验为单因素被试内设计。自变量为刺激拥挤性，分为拥挤和非拥挤两个水平：拥挤条件下，目标刺激与干扰刺激间的空间间距（刺激中心到中心）为1°；非拥挤条件下，目标刺激与干扰刺激间的空间间距为4°。因变量为判断目标刺激是否呈现的正确率。

实验时，被试舒适地坐在微暗的电磁屏蔽屋内，双眼盯住显示器，眼睛距离显示器80cm，实验程序编制及数据采集均由E-prime2.0完成。

实验程序如图2-1所示。首先在显示器中央呈现一个白色小圆点（中央注视点）1000ms（视角为0.4°×0.4°），被试双眼盯住小圆点，眼睛不要上下左右乱动，用眼睛的余光注意注视点两侧出现的刺激。然后在中央注视点的左侧或者右侧6°视角位置呈现若干刺激，呈现时间为100ms，呈现的刺激可能为1个目标刺激和2个干扰刺激（“干扰 目标 干扰”），也可能只呈现干扰刺激（“干扰　干扰”）。被试的任务是既快又准确地判断目标刺激是否呈现，如果被试在1500ms内作出反应，记为有效反应，如果在1500ms内未作出任何反应，则记为无效反应。按键反应之后，在屏幕两侧呈现刺激的位置同时呈现1000ms掩蔽刺激，以消除刺激后效，然后进入下一个试次。一半被试被要求刺激呈现时按鼠标左键，不呈现时按右键，另一半被试的反应方式则相反。

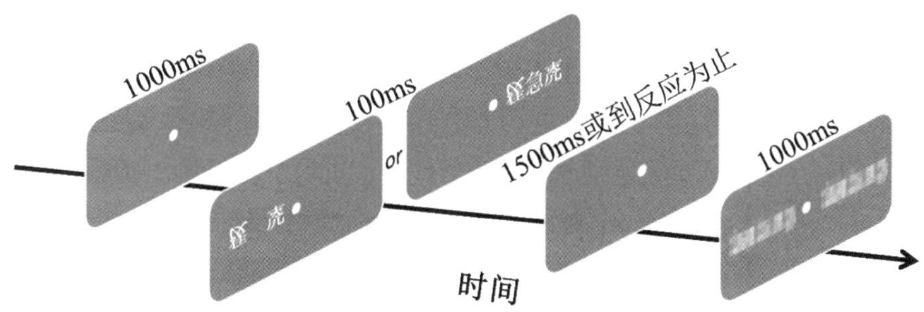

图2-1　实验1刺激及实验流程示意图

实验分为两部分。第一部分为练习，包括2组，每组50个试次，其中第一组进行拥挤条件下的判断，第二组进行非拥挤条件下的判断。第二部分为正式实验，包括10组，其中5组对拥挤条件下的目标刺激进行判断，另外5组为对非拥挤条件下的目标刺激进行判断。每组包括80个试次，40个试次呈现目标刺激，40个试次不呈现目标刺激。拥挤和非拥挤条件采用组间随机方式呈现，即每组只包括一种拥挤性刺激，拥挤的或非拥挤的，目标刺激呈现和不呈现条件则在组内进行随机。

三、结果

各条件下的正确率和反应时如图2–2和图2–3所示。对正确率和反应时分别进行配对t检验。结果表明，拥挤条件下的正确率（$M = 0.95$）与非拥挤条件下的正确率（$M = 0.96$）没有显著差异，$t(9) = -1.276, p > 0.05$，拥挤条件下的反应时（$M = 461.02$ms）与非拥挤条件下的反应时（$M = 457.77$ms）也不存在显著差异，$t(9) = 0.337, p > 0.05$。本研究结果表明，无论是正确率还是反应时，拥挤条件和非拥挤条件下均不存在显著差异，这说明本研究中以汉字为实验刺激的检测任务中不存在显著拥挤效应，即使多特征的汉字刺激被干扰刺激拥挤，仍然能够被准确检测。

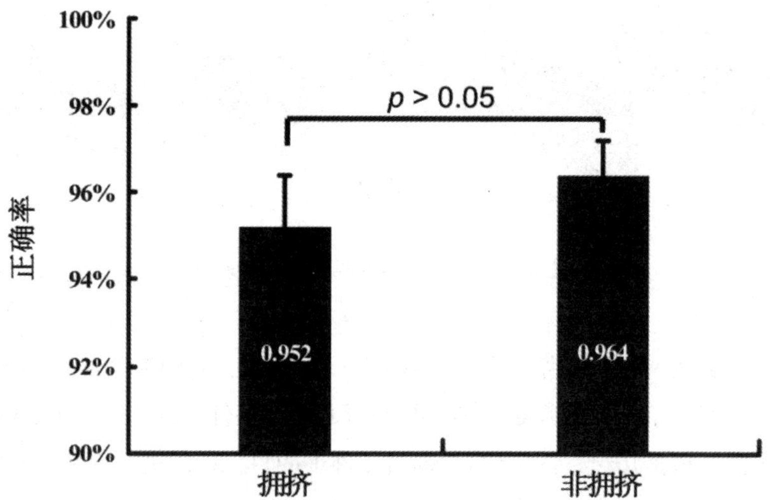

图2–2　拥挤和非拥挤条件下检测目标刺激的正确率与标准误

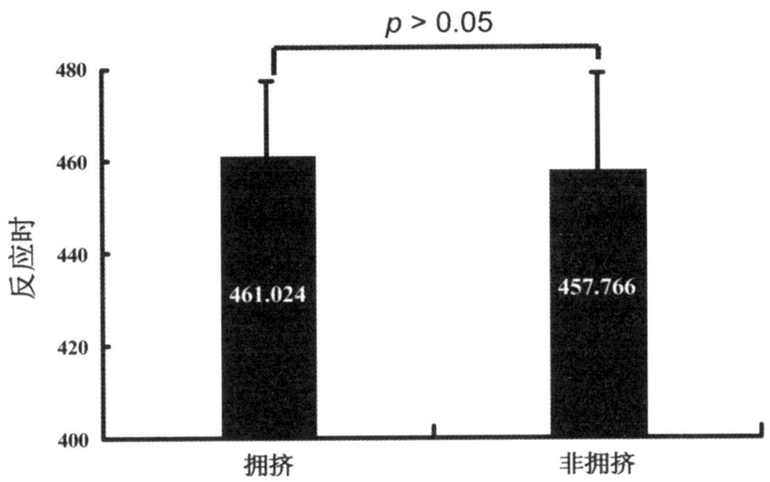

图2-3　拥挤和非拥挤条件下检测目标刺激的反应时与标准误

四、讨论

本研究以汉字作为目标刺激，以具有多特征的假字作为干扰刺激，发现在检测任务中，被干扰刺激拥挤的目标刺激仍然能够被准确、快速地检测到，表明本研究条件下的检测任务中不存在拥挤效应。这与先前大部分研究的结果是一致的（He et al., 1996；Levi et al., 2002；Livne & Sagi, 2007；Parkes et al., 2001；Pelli et al., 2004）。

先前有部分研究表明，在某些特定条件下，拥挤效应依然会存在于检测任务中。例如，Põder（2008）等采用较小的光栅刺激（被试识别正确率为95%时的刺激大小），并将干扰刺激的数量从2个增加至6个，发现呈现2个干扰刺激条件下检测任务中没有出现显著拥挤效应，而呈现6个干扰刺激时则存在显著拥挤效应，表明特征检测不受拥挤效应的影响可能只局限于干扰刺激数量较少（如2个）的条件，当干扰刺激数量增多时，目标刺激的特征可能并未得到准确加工（Põder, 2008）。

Põder等人发现的检测任务中存在拥挤效应，可能与他们在研究中采用了较小的刺激有关，也可能与刺激个数和呈现时间有关。他们的研究呈现了6个刺激，而且刺激呈现时间很短，约为60ms，这些因素都可能导致刺激特征不能被有效登记知觉。然而，本研究的主要宗旨是考察在刺激能够被准确检测的前提下，刺激，尤其是多特征刺激（如汉字）是如何加工的。因此，本研究将目标刺激呈现在外周视野左右两侧6°位置，并在目标刺激呈现时间较长（约100ms）的情况下，考察被拥挤的多特征刺激如何被加工。

五、结论

本研究结果发现，在外周视野6°视角位置呈现的目标刺激，即使被干扰刺激拥挤，仍然能够被准确、快速检测到，表明本研究条件下的检测任务中不存在拥挤效应。

第二节　实验2　短时呈现视觉拥挤刺激特征整合的ERP研究

一、引言

研究者对拥挤效应进行了大量研究，但关于其产生机制并没有达成共识。支持错误整合模型的研究者提出，外周视野内干扰刺激和目标刺激的特征能够被准确检测，拥挤效应的产生是由于目标刺激与干扰刺激的特征发生了过度整合（Levi, 2008；Pelli & Tillman, 2008）或强制平均（Parkes et al.,

2001），从而形成混乱知觉（jumbled percept）。根据该模型，由于刺激特征间发生了错误结合，因此目标刺激不能被视觉系统知觉为一个正确的客体。注意观点则认为，被试虽然能够知觉目标刺激，但由于外周视野内空间注意分辨率太低，目标刺激不能够从干扰刺激中被有效分离，从而未达到意识层面而不能被准确报告（He et al., 1996；Intriligator & Cavanagh, 2001）。位置不确定观点同样认为被拥挤的刺激能够被准确知觉识别，但是与注意观点不同，位置不确定观点认为被拥挤刺激是由于其空间位置不能被准确定位，因此不能被报告（Huckauf & Heller, 2002；Popple & Levi, 2005；Strasburger, 2005）。

目标刺激被准确知觉还是与干扰刺激的特征发生了错误整合？Huchauf等人（2008）在一项研究中考察了拥挤刺激的语义加工过程，似乎为目标刺激被准确知觉提供了证据（Huckauf et al., 2008）。该研究发现数字大小比较任务中存在反应一致效应（effect of response congruency），干扰刺激与目标刺激指向相同反应（反应一致条件）时对目标刺激的反应正确率高于干扰与目标刺激指向不同反应（反应不一致条件）时的正确率（实验1），且在反应不一致条件下观察到了B型掩蔽效应（type B-masking），即对目标刺激反应的正确率随着目标与干扰刺激间时间间隔（SOA）的增加而降低（实验2）。Huchauf等人指出，该实验结果表明，被拥挤目标刺激的语义信息获得了加工，这说明目标刺激能够被知觉为正确的客体，而并未与干扰刺激的特征发生错误结合，因为如果刺激的特征间发生错误结合，刺激则不可能获得正确的语义加工，也不能产生反应一致性效应。然而，Huchauf等人的研究存在一定不足。首先，该研究认为，反应不一致条件下的反应准确率更低表明干扰与目标刺激的语义均得到加工。但实际上该研究以准确率作为考察语义是否得到加工的指标，这种做法可能存在一定风险，因为当干扰与目标刺激指向不同反应时，即使被试并未对目标刺激进行知觉加工，而是将干扰刺激当作目标刺激报告，也会导致准确率很低，同样，当干扰刺激与目标刺激指向相同反应时，将干扰当作目标刺激报告则会导致准确率较高；其次，研究结果发现对目标刺激“3”的判断准确率很低（接近随机概率50%），这也表明目标刺激语义信息的加工可能受到了干扰。因此，Huchauf等人以正确率为指标的行为研究不能为目标刺激获得语义加工提供有力证据。

大量有关言语加工的ERP研究表明，当前后呈现的两个词语在语义上不匹配时（如鞋—电）比语义匹配时（如鞋—袜）会诱发一个更负偏向的成分，即N400（Lau, Phillips & Poeppel, 2008；Luck, Vogel & Shapiro, 1996），该成分常定位于头皮顶中部（centroparietal），出现在刺激呈现后300ms左右，能够很好地标识刺激的语义加工过程。由于单词只有在被正确知觉识别之后其语义信息才可能获得加工（Luck et al., 1996），因此N400成分的出现可以作为刺激是否被正确知觉的指标。本研究以汉字为实验材料，结合语义启动范式和ERP技术，考察被干扰刺激拥挤的目标刺激能否诱发显著的N400成分，如果目标刺激能够诱发显著的N400成分，则说明目标刺激能够被正确知觉整合，而并未与干扰刺激的特征发生错误结合。

二、方法

（一）被试

实验招募15名在校大学生（2名男生），视力或矫正视力正常，其中3名被试由于伪迹太多而被剔除。剩下12名被试平均年龄为22.3 ± 1.4，均为右利手，母语为汉语，无任何精神病史。实验之前，被试签署了知情同意书。所有被试在实验之前均未参加过同类实验，并对本次实验目的不了解。

（二）材料与仪器

实验采用的汉字刺激同实验1。4个白色假字在实验中被用作侧翼干扰刺激。320个白色真字为选自《现代汉语频率词典》的高频汉字，笔画为6~10划，其中160个汉字被用作启动刺激，另外160个汉字用作目标刺激，启动刺激与目标刺激形成160对语义相关词对，如“风—雨、钟—表”，80个语义相关词对呈现在拥挤条件下，另外80个相关词对呈现在非拥挤条件下。然后固定语义相关词对中的目标刺激，改变启动刺激，形成160对语义无关词对，如“钟—雨、风—表”，以保证语义相关词对和无关词对中所采用的汉字刺激完全相同，两者的差异仅限于语义关系上的不同，同时，与语义相关词对相同，80个语义无关刺激被用于拥挤条件下的实验材料，80个词对则用作非拥挤条件下的实验材料。此外，与实验1不同，本实验另外选取40个动物字和160个非动物字，组成160个刺激对作为实验填充词对，其中80个词对中的启动刺激为动物字、目标刺激为非动物字，而另外80个词对中的启动刺激为非动物字、目标刺激为动物字。

所有汉字刺激均制作成视角大小为1°×1°、背景为灰色（128，128，128）的图片，并对其亮度、对比度进行统一处理。由22寸iiyama MA203DTD彩色显示器呈现刺激，其背景为灰色（128，128，128），刷新率为100Hz。实验程序编制及数据采集均由E-prime2.0完成。

（三）实验设计与程序

实验为2因素（拥挤×语义相关性）被试内设计。因素1为"拥挤性"，分为两个水平：拥挤条件下，启动刺激与两个干扰刺激同时呈现在外周视野（干扰—启动词—干扰），但启动刺激与干扰刺激之间的空间间距（中心到中心）为1°；非拥挤条件下启动刺激与干扰刺激间的空间间距为4°。因素2"语义相关性"也包含两个水平：语义相关条件下，目标刺激与启动刺激在语义上具有高度相关；语义不相关条件下目标刺激与启动刺激在语义上不相关。

图2-4为实验2流程图。被试舒适地坐在微暗的电磁屏蔽屋内，双眼盯住显示器，眼睛距离显示器80cm。首先，在屏幕中央呈现一个白色小圆点（中央注视点）1000ms（视角为0.4°×0.4°），被试双眼盯住小圆点，眼睛不要上下左右乱动。然后在中央注视点左侧或右侧，随机一侧的6°视角位置同时呈现干扰刺激和启动刺激（干扰—启动—干扰），呈现时间为350ms，要求被试双眼注视屏幕中央的白色小圆点，眼睛不要上下左右乱动，用眼睛余光去注意圆点两侧呈现的汉字刺激。接下来，呈现300~600ms的空屏后，在中央注视点位置呈现目标刺激，呈现时间为300ms，要求被试在看到目标刺激后不要立即做出按键反应，等待屏幕出现相应提示符之后再进行相应的按键回答。500ms的空屏后，在中央注视点位置呈现一个白色问号"？"要求

被试看见问号之后，既快速又准确地判断刚才呈现的刺激中是否有动物字，无论是启动刺激还是目标刺激，只要有代表动物的字，则作出肯定回答（一半被试按鼠标“左键”，另一半被试按鼠标“右键”），如果启动刺激和目标刺激中均没有代表动物的字出现，则作出否定回答（一半被试按鼠标“右键”，另一半则被试按鼠标“左键”）。被试按键回答之后，问号立即消失，然后进入下一个试次。如果被试在2000ms内未作出任何回答，则问号将在屏幕上持续呈现2000ms，然后进入下一个试次。

实验总共包括10组，前2组为练习，后8组为正式实验。每组包含60个试次，其中40次呈现实验词对，每个实验条件各10个词对，每个条件下的试次随机呈现。另外20次呈现填充词对，也包括10个拥挤填充词对和10个非拥挤填充词对，拥挤和非拥挤词对也随机呈现。在所有填充试次中，动物字既可能作为启动刺激出现，也可能作为目标刺激出现。

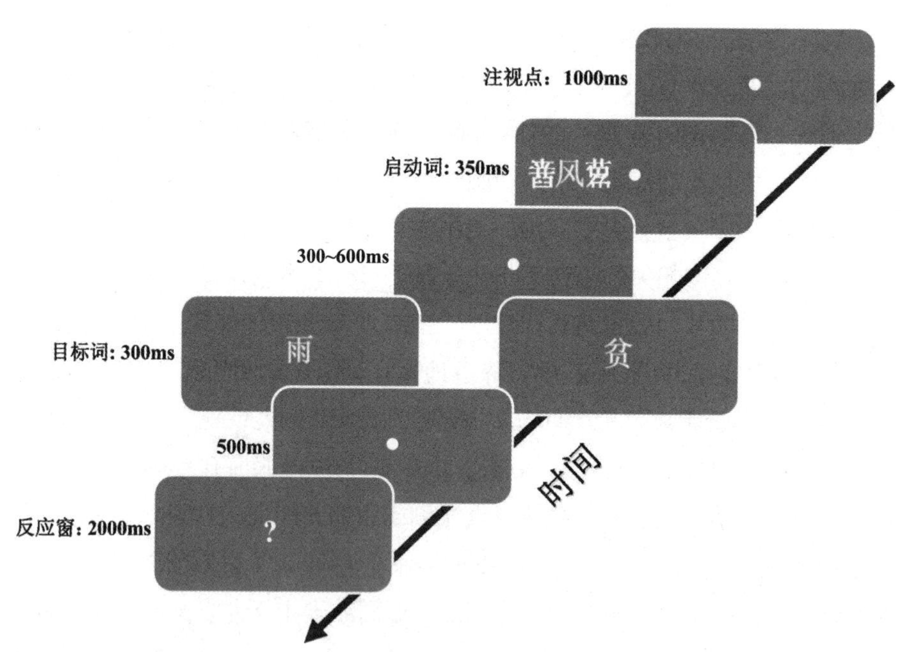

图2-4　实验2刺激及实验程序示意图

（四）脑电记录与分析

采用Neuroscan ERP工作站，以根据国际10–20系统扩展的32导电极帽记录脑电信号。以单侧（左侧）乳突为参考电极，前额接地，以双眼外侧约1.5cm处安置电极记录水平眼电，左眼上下安置电极记录垂直眼电。采用DC采集，滤波带通为0~70Hz，采样频率为500Hz/导，所有电极与头皮间的阻抗均小于5kΩ。

对连续记录的脑电数据进行离线分析时，将单侧乳突参考转换成双侧乳突参考，并进行30Hz低通滤波。对启动刺激呈现前200ms至呈现后350ms时间段内的垂直眼动伪迹（VEOG）进行矫正，然后将含有波幅大于±50μV的伪迹信号（包括水平眼电HEOG）的实验试次数据剔除。接下来对余下实验试次的EEG数据进行分析，分析时程为目标刺激呈现前200ms至刺激呈现后1000ms，刺激呈现前200ms作为基线。对垂直眼动（VEOG）和水平眼动（HEOG）伪迹进行矫正，剔除其余电极上波幅超过±50μV的伪迹信号。最后分别对实验试次中的拥挤和非拥挤条件下语义相关与无关试次诱发的ERP波形进行叠加平均，各条件的有效叠加次数均达到65次以上。

对ERP总平均波幅（图2–5）和差异波地形图（图2–6）进行观察发现，非拥挤条件下N400效应出现在300~500ms之间，而拥挤条件下在所有时程内均没有出现显著的N400效应，因此本研究对300~500ms时程内的原始波的平均波幅进行三因素（拥挤性、语义相关性、电极点）重复测量方差分析，选取的电极点为F3, Fz, F4, C3, Cz, C4, P3, Pz, P4九个点。对方差分析的p值进行Greenhouse–Geisser法矫正。

三、结果

（一）行为结果

本实验要求被试判断目标字是否为动物字，而所有实验试次中均不呈现动物类的字，且实验试次（400次）显著多于填充试次（100次），因此行为结果只对填充试次的反应数据进行分析。同时，由于目标刺激呈现在中央视野，当动物字呈现在目标刺激位置时，被试能够很轻易地看清楚目标字是动物字还是非动物字，而不需要对启动刺激是否为动物字进行判断，因此对行为数据分析时，只分析动物字作为启动字呈现时的填充试次的正确率。

首先剔除反应时小于100ms和大于2000ms的试次数据，然后对拥挤和非拥挤条件下的填充试次的正确率进行配对t检验，结果表明拥挤条件下被试的正确率（59.75% ± 0.06）显著小于非拥挤条件下的正确率（86.33% ± 0.05），$t(11) = -9.782$, $p < 0.001$，说明被试对呈现在外周视野的汉字的识别受到了干扰刺激的损害。

（二）ERP结果

由于填充试次中启动刺激与目标刺激间没有语义关系，因此只对实验试次的ERP数据进行叠加分析。对300~500ms内的平均波幅进行2（拥挤性：拥挤、不拥挤）×2（语义相关性：相关、不相关）×9（电极点）重复测量方差分析，结果表明，语义相关性主效应显著，$F(1, 11) = 11.62$, $p < 0.01$，语义不相关条件下的平均幅值（$M = 1.88$）比语义相关条件下的平均幅值（$M = 2.58$）更偏向负值。拥挤性主效应不显著，$F(1, 11) = 1.97$, $p > 0.05$，拥挤条件下的平均幅值（$M = 1.86$）与非拥挤条件下的平均幅值（$M = 2.61$）没有显著差异。拥挤×语义相关性交互作用显著，$F(1, 11) = 19.03$, $p < 0.01$。拥挤×电极交互作用显著，$F(1.62, 17.81) = 3.91$, $p < 0.05$，拥挤×电极×语义相关性交互作用显著，$F(3.88, 42.72) = 4.16$, $p < 0.01$。对三重交互作用进行简单效应分析发现，非拥挤条件下，各电极点上N400窗口内由语义相关试次诱发的ERP波幅显著大于语义不相关试次诱发的ERP波幅，$t(11) = 2.96$ to 6.88, $p < 0.01$，表明在非拥挤条件下，与启动刺激语义不匹配的目标刺激能够诱发显著的N400成分；拥挤条件下各电极点上的N400窗口内由语义相关试次和语义无关试次诱发的ERP幅值没有显著差异，$p < 0.05$，表明拥挤条件下，与启动刺激语义不匹配的目标刺激并未能诱发显著的N400成分。

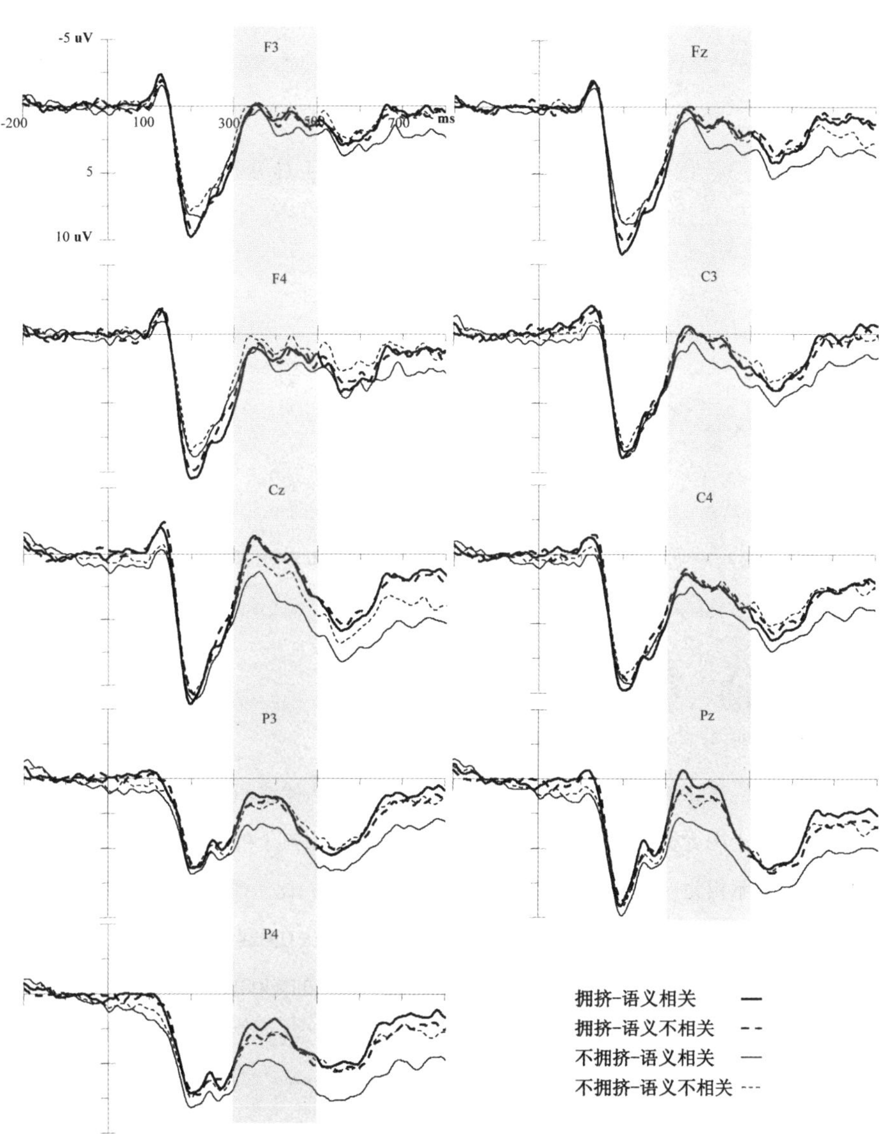

图2-5　拥挤和非拥挤条件下各电极点上的总平均波幅

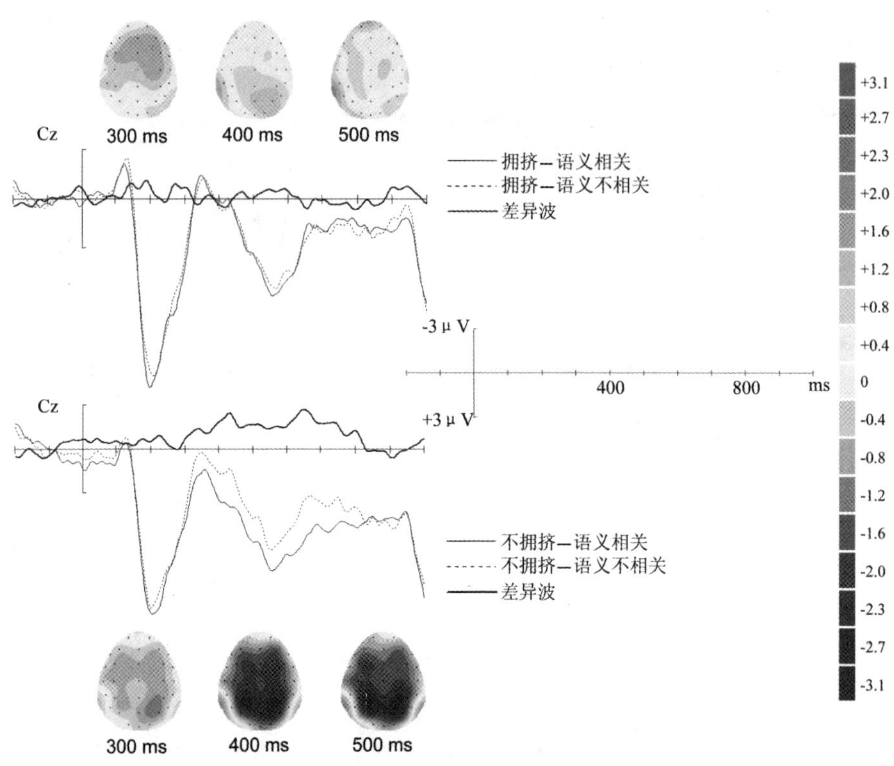

图2-6　拥挤和非拥挤条件下Cz电极点原始波和差异波

注：其中上图为拥挤条件下语义相关和无关试次在Cz点上的ERP总平均波幅及N400差异波（语义不相关—语义相关试次），与语义相关试次相比，语义不相关试次未诱发显著的N400成分；下图为非拥挤条件下语义相关和无关试次在Cz点上的ERP总平均波幅及N400差异波，语义不相关试次在300~500ms处诱发了较大的N400成分。

四、讨论

本研究结合语义启动范式和ERP技术，考察了拥挤效应中被拥挤汉字的语义信息是否能够获得加工。行为结果表明，当作为启动刺激的汉字被干扰刺激拥挤时，被试不能正确辨别该字是否为动物字，产生了显著的拥挤效应。ERP结果发现，在启动刺激未被干扰刺激拥挤的条件下，与启动刺激语义不匹配的目标刺激能够诱发显著的N400，这说明呈现在外周视野的非拥挤启动刺激的语义信息获得了加工，因为只有启动刺激获得了语义加工，才能形成与目标刺激语义匹配或者不匹配的关联。Luck等人（1996）在研究中指出，刺激只有在被有效识别后，其语义信息才能被有效提取。因此，非拥挤刺激的语义信息的加工表明该刺激能够获得正确识别。

然而，本研究发现拥挤条件下目标刺激与启动刺激语义不匹配并没有诱发显著的N400，这可能说明被拥挤的启动刺激未被有效识别，导致其语义信息不能被有效提取。但是，之前有研究表明N400语义启动效应的大小受多种因素影响。例如，Holcomb和Grainger（2007）发现，在语义启动范式中，启动词的呈现时间对N400的大小会产生显著影响，启动词呈现时间越短，N400幅值越小；启动-目标词对间的关系也会影响N400的大小，当启动与目标词间为语义相关词对时产生的N400幅值也明显小于重复词对时产生的N400（Holcomb, Reder, Misra & Grainger, 2005）。此外，Lee, Legge和Ortiz（2003）的研究发现，个体对呈现在外周视野的单词的加工速度要显著慢于呈现在中央视野的单词的加工速度，因此如果外周视野的刺激呈现时间太短，也可能导致其不能被良好地加工。

综合以上各种研究，本实验中拥挤条件下的汉字刺激未诱发显著的N400成分，可能是由于本实验的操作引起的。本实验中被拥挤的启动刺激呈现在外周视野6°位置，呈现时间仅为350ms，启动字很可能还未来得及被有效加工，从而导致研究没有观察到N400语义启动效应。因此，我们有必要对实验操作进行改进，增加刺激的呈现时间，同时为了建立较强的语义背景，更好地诱发语义启动效应，在接下来的实验中，将启动刺激呈现在中央视野，干扰刺激与目标刺激一起呈现在外周视野6°位置，以进一步考察被拥挤的刺激是否能够获得语义启动效应。

五、结论

本实验结果发现，当被干扰刺激拥挤的启动刺激被呈现在外周视野6°位置，且呈现时间较短时（350ms），该启动刺激不能对随后呈现在中央视野的目标刺激产生语义启动效应，表明本实验条件下被拥挤的汉字刺激未获得较好的知觉加工。

第三节　实验3　长时呈现视觉拥挤刺激特征整合的ERP研究

一、引言

实验2的结果发现呈现时间较短的被拥挤刺激不能诱发语义加工。该结果不能被简单地归因于被拥挤的刺激不能被准确知觉识别，因为刺激呈现的视野位置（Lee, Legge & Ortiz, 2003）与呈现时间长短（Holcomb & Grainger, 2007）均可能影响刺激语义信息的提取。因此，本实验优化实验过程和参数，将启动刺激呈现在中央视野，同时增加外周视野内被拥挤的目标刺激的呈现时间，考察启动刺激能否对目标刺激产生语义启动效应，以进一步确定被拥挤刺激的语义信息是否能够获得有效提取加工。

二、方法

（一）被试

实验招募16名在校大学生（4名男生），视力或矫正视力正常，其中2名被试由于伪迹太多而被剔除。剩下14名被试平均年龄为22.14 ± 1.748，均为右利手，母语为汉语，无任何精神病史。实验之前，被试签署了知情同意书。所有被试在本次实验之前均未参加过同类实验，并对本次实验目的不了解。

（二）实验材料与仪器

从实验2所用材料中随机挑出240个白色真字。假字与实验2所用相同，在本实验中仍然用作干扰刺激。240个真字中的120个被用作启动刺激，另外120个用作目标刺激。启动刺激与目标刺激形成120对语义相关词对，如“风—雨、钟—表”，与实验2相同，固定语义相关词对中的目标刺激，改变启动刺激，形成120对语义无关词对，如“钟—雨、风—表”，以此保证语义相关词对和无关词对中所采用的汉字刺激完全相同。本实验中，为了进一步控制额外变量，尽可能保证所观察到的效应均来自对汉字的语义加工，拥挤和非拥挤条件下采用相同的刺激词对，即每个词对在整个实验过程中会出现两次。

所有汉字刺激均由Adobe photoshop CS5制作成视角1°×1°、背景灰色（128，128，128）的图片，所有图片的亮度、对比度均进行统一处理。刺激由22寸灰色背景（128，128，128）、100Hz刷新率的iiyama MA203DT D彩色显示器呈现，被试舒适地坐在微暗的电磁屏蔽屋内，双眼盯住显示器，眼睛距离显示器80cm。实验程序由E-prime2.0编制，刺激的呈现及反应记录均由Dell-compatible personal computer自动控制。

（三）实验设计与程序

实验为2因素（语义相关性×拥挤）被试内设计。因素1“语义相关性”包含两个水平：语义相关条件下，目标刺激与启动刺激在语义上具有高度相关；语义不相关条件下目标刺激与启动刺激在语义上不相关。因素2“拥挤”也分为2个水平：拥挤条件下，1个目标刺激与2个干扰刺激形成目标刺激串（干扰—目标—干扰），被呈现在外周视野，目标刺激与干扰刺激之间的空间间距（中心到中心）为1°；非拥挤条件下目标刺激与干扰刺激间的空间间距为4°。拥挤与非拥挤条件下采用的实验刺激完全相同。

图2-7为实验3采用刺激及实验程序示意图。首先在屏幕中央呈现一个白色小圆点（中央注视点）1000ms（视角为0.4×0.4°），被试双眼盯住小圆点，眼睛不要上下左右乱动。然后在屏幕中央呈现启动刺激（即白色汉字）1000ms，要求被试注意看清屏幕中央的汉字，但不需要做出任何反应。接下来呈现300~600ms的空屏后，目标刺激串被呈现在中央注视点的左侧或者右侧6°视角位置，要求被试双眼盯住中央注视点，用眼睛的余光注意注视点两侧出现的刺激。被试的任务是保证准确的情况下尽快地判断刺激串中央的目标刺激与启动刺激在语义上是否相关。一半被试被要求语义相关按鼠标左键，不相关按右键，另一半被试的反应方式则相反。被试按键后，刺激立即消失，如果被试在1500ms内未作出按键反应，则刺激自动消失。接下来呈现500ms空屏后进入下一个试次。

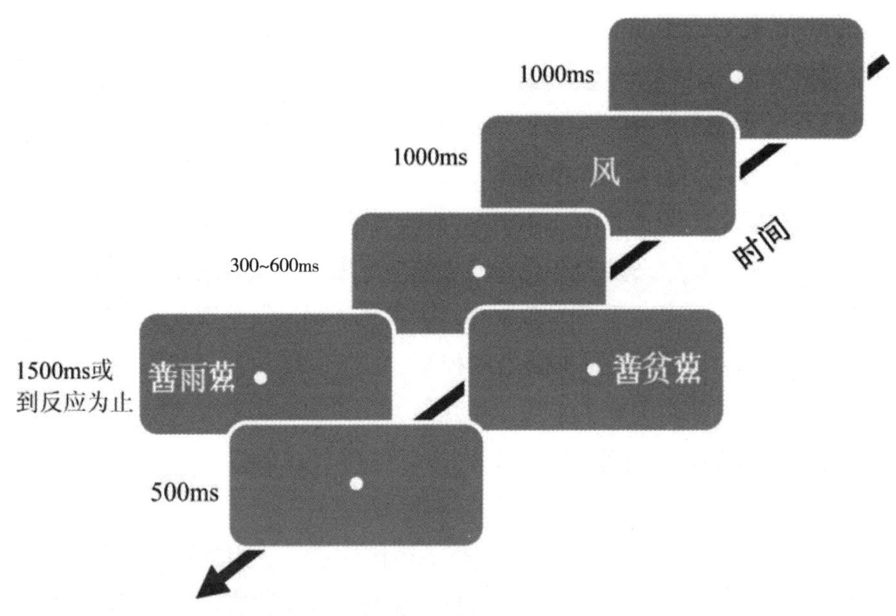

图2-7　实验3刺激及实验程序示意图

实验分为2部分。第一部分为练习，包括2组，每组40个试次，其中一半的试次呈现语义相关词对，一半试次呈现无关词对，呈现顺序随机。由于拥挤条件和非拥挤条件下采用相同的刺激，为了排除练习对实验成绩的干扰、增加拥挤效应强度，实验中所有被试均先完成拥挤条件下的判断任务，然后完成非拥挤条件下的任务，即第一组为拥挤条件下的语义相关判断任务，第二组为非拥挤条件下的语义关系判断任务。相同目标刺激在实验中不出现在同一block中。实验第二部分为正式实验，包括10组，与练习相同，每组40个试次，其中一半试次呈现语义相关词对，另一半试次呈现无关词对，实验前5组为拥挤条件下的语义判断任务，后5组为非拥挤条件下的语义判断任务。

（四）脑电记录与分析

采用Neuroscan ERP工作站，以根据国际10–20系统扩展的32导电极帽记录脑电信号。以单侧（左侧）乳突为参考电极，前额接地，以双眼外侧约1.5cm处安置电极记录水平眼电，左眼上下安置电极记录垂直眼电。采用AC采集，滤波带通为0.05~100Hz，采样频率为500Hz/导，头皮与电极间阻抗小于5kΩ。

对连续记录的脑电数据进行离线分析时，将单侧乳突参考转换成双侧乳突参考，并进行30Hz低通滤波，对眨眼伪迹进行矫正，并自动排除波幅大于±50μV的伪迹信号。分析时程为刺激呈现前200ms至刺激呈现后1000ms，刺激呈现前200ms作为基线。分别对拥挤和非拥挤条件下语义相关与无关试次诱发的ERP波形进行叠加平均，各条件的有效叠加次数均达到75次以上。

观察ERP总平均波幅（图2–9）和差异波地形图（图2–10）发现，拥挤条件下N400效应在600ms左右达到最大，非拥挤条件下的N400效应则在520ms左右达到最大，因此本研究分别对400~700ms时程内的原始波和N400差异波（语义无关—语义相关）的平均波幅进行三因素（拥挤、语义相关、电极点）重复测量方差分析，选取的电极点为F3, Fz, F4, C3, Cz, C4, P3, Pz, P4九个点。对方差分析的p值进行Greenhouse–Geisser法矫正。

三、结果

（一）行为结果

反应时小于100ms或大于1500ms的被试数据被作为错误数据剔除。图2–8为各条件下的正确率与标准误。对正确率进行2（拥挤性：拥挤、不拥挤）×2（语义相关性：相关、不相关）重复测量方差分析，结果表明拥挤性主效应显著，$F(1, 13) = 140.60$, $p < 0.001$，拥挤条件下的正确率（56.6%）显著低于非拥挤条件下的正确率（78.7%），表明干扰刺激对目标刺激的识别产生了干扰。语义相关性主效应以及二者的交互作用均不显著，$p > 0.05$。

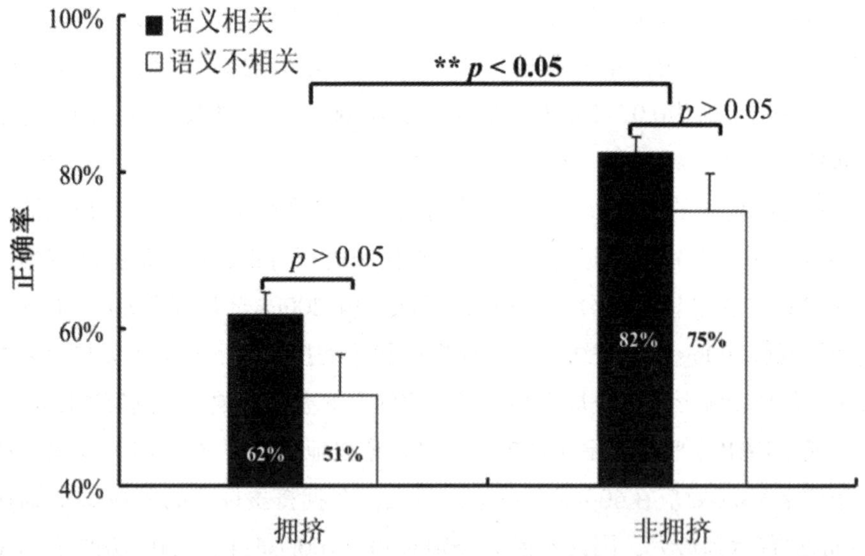

图2–8　实验2各条件下的正确率与标准误

（二）ERP结果

对400~700ms内的平均波幅进行2（拥挤性：拥挤、不拥挤）×2（语义相关性：相关、不相关）×9（电极点）重复测量方差分析，结果表明，拥挤性主效应显著，$F(1, 13)=33.01$, $p=0.000$，非拥挤条件下的平均幅值显著大于拥挤条件下的平均幅值；语义相关性主效应显著，$F(1, 13)=87.02$, $p=0.000$，语义相关条件下的平均幅值显著大于语义无关条件下的平均幅值；电极点主效应显著，$F(1.6, 20.3)=4.91$, $p=0.025$，头皮后部电极（P3.Pz、P4）的平均幅值大于中部和前部电极的平均幅值。对交互作用的分析表明，电极×拥挤性交互作用显著，$F(2.6, 33.5)=6.99$, $p=0.001$；电极×语义相关性交互作用显著，$F(4, 53.5)=6.51$, $p=0.000$；拥挤性×语义相关性交互作用显著，$F(1, 13)=16,34$, $p=0.001$；电极×拥挤性×语义相关性交互作用显著，$F(2.8, 35.8)=5.31$, $p=0.005$。对电极×拥挤性×语义相关性三重交互作用进行简单效应分析表明，拥挤条件下，语义相关和不相关在所有电极点上差异均显著，$F(1, 13)=12.06–61.72$, $p<0.01$，语义相关条件下各电极点的ERP平均幅值（M=–0.93–1.46）大于语义不相关条件下的平均幅值（M=–2.50–0.02）；非拥挤条件下，语义相关和不相关词对在各个电极上诱发的平均幅值差异也显著，$F(1, 13)=21.85–101.84$, $p<0.001$，语义相关条件下各电极点的平均波幅（M=2.20–7.26）显著大于语义不相关条件下的平均波幅（M=–0.35–2.95）。

为了进一步考察拥挤效应如何影响刺激的语义加工，对400~700ms内N400差异波的平均波幅进行2（拥挤性：拥挤、不拥挤）×9（电极点）重复测量方差分析。分析结果表明，拥挤性主效应显著，$F(1, 13)=16.34$, $p=0.001$，拥挤条件下的N400平均波幅（M=–1.42）小于非拥挤条件下的平均波幅（M=–3.46）；电极点主效应显著，$F(4.1, 53.5)=16.34$, $p=0.000$，与先前研究一致，顶叶电极点（P3.Pz、P4）的平均幅值（M=–2.72）最大，中央位置电极点（C3.Cz、C4）的平均幅值（M=–2.62）居中，额叶位置电极点（F3.Fz、F4）的平均幅值（M=–1.97）最小（Zhang & Zhang, 2007）；拥挤性×电极点交互作用显著，$F(2.8, 35.8)=16.34$, $p=0.005$。简单效应分析表明，拥挤和非拥挤条件下的N400幅值在额叶F3.Fz电极点上不存在显著差异，$p>0.05$；在其余电极点上，拥挤条件下的N400幅值显著小于非拥挤条件下的幅值，$p<0.05$。

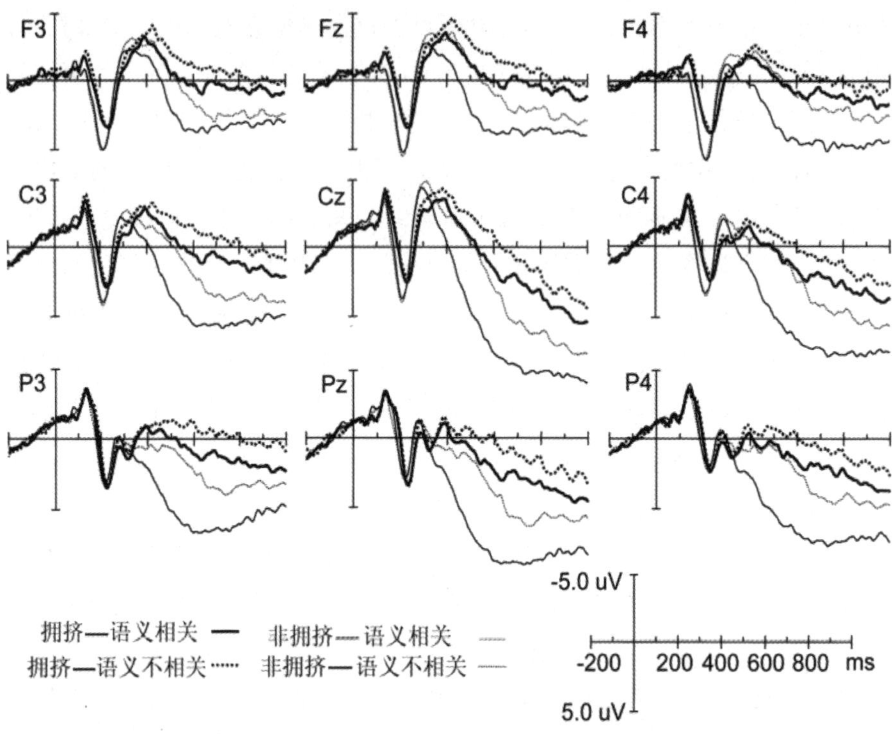

图2-9　拥挤和非拥挤条件下各电极点上的总平均波幅

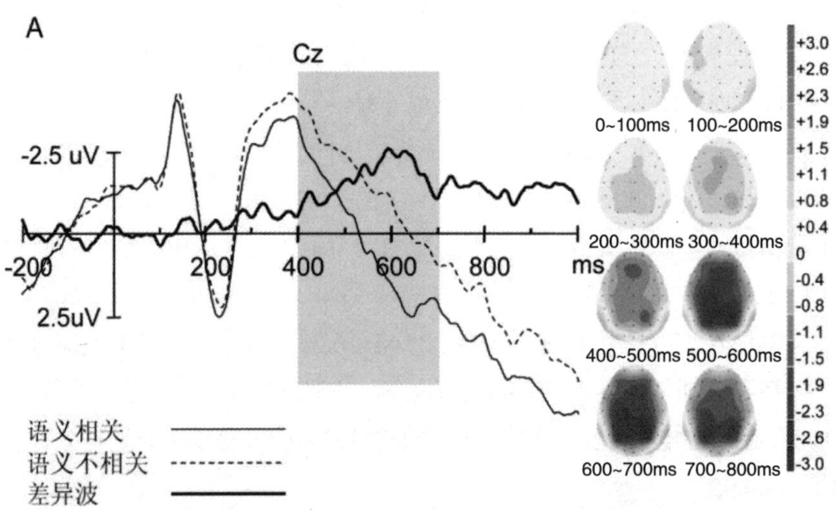

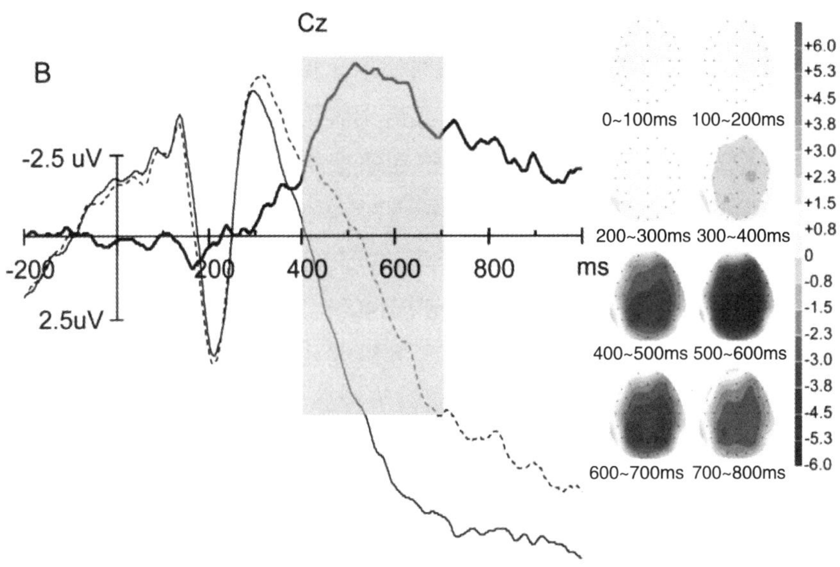

图2-10　拥挤和非拥挤条件下Cz电极点的原始波、差异波及地形图

注：A：拥挤条件下语义相关和无关试次在Cz点上的ERP总平均波幅及N400差异波（语义不相关—语义相关试次），在400~700ms时间窗内，与语义相关试次相比，语义不相关试次诱发显著的N400成分；地形图显示，该激活加工主要分布于头皮中顶叶。B：非拥挤条件下语义相关和无关试次在Cz点上的ERP总平均波幅及N400差异波、地形图，语义不相关试次在400~700ms时间窗内也诱发了显著的N400成分，其皮层分布也主要位于头皮中顶叶。

四、讨论

本研究结合语义启动范式和ERP技术，以无意义假字作为干扰刺激，有意义的真字作为启动刺激和目标刺激，考察了汉字识别中的拥挤效应。行为结果发现，干扰刺激与目标刺激空间间距为1°时（拥挤条件），对启动-目标刺激的语义判断准确率显著低于空间间距为4°时（非拥挤条件）的准确率，这表明拥挤条件下对目标刺激的识别受到干扰刺激的损害。而ERP结果发现，拥挤和非拥挤条件下的目标刺激均能够诱发显著的N400效应，即目标刺激与启动刺激在语义上不相关时比语义相关时诱发更加负向的ERP波幅，表明无论目标刺激是否被拥挤，其语义信息均得到加工。

与先前研究相比，本研究中拥挤和非拥挤条件下的N400成分出现的时程更晚，约为刺激呈现后300~400ms，其幅值在600ms左右达到最大值。有研究表明，对呈现在外周视野的单词的加工速度慢于呈现在中央视野的单词（Lee et al., 2003），因此本研究中N400出现较晚，可能是由于对外周视野的刺激加工较慢导致的。此外，本研究还发现拥挤条件下的N400幅值显著小于非拥挤条件下的幅值，而行为数据发现被试对拥挤条件下的目标刺激的判断正确率（56.6%）高于随机猜测概率（50%），这说明拥挤条件下的部分目标刺激有可能被有效识别。那么拥挤条件下较小的N400效应是否是由于部分目标刺激被有效识别而产生的，而并不反映无法识别的拥挤目标刺激的语义加工过程？我们对拥挤条件下的正确反应试次和错误反应试次的ERP数据分别进行叠加平均，发现正确反应和错误反应试次均诱发了显著的N400效应，且两种反应条件下的N400效应不存在显著差异，$p>0.05$，表明本研究中拥挤条件下的N400效应不是由于部分刺激被识别导致的，即使无法识别的拥挤刺激，其语义信息仍然被加工并产生显著的N400效应。

本研究发现汉字刺激被拥挤时，仍然能够诱发显著的语义N400成分，这为拥挤刺激的语义加工过程提供了直接的生理证据。由于刺激只有在被正确知觉识别之后其语义信息才能够被加工（Luck et al., 1996），因此本研究中被拥挤刺激诱发N400，表明该刺激即使被干扰刺激拥挤，仍然能够被视觉系统整合加工。Faivre和Kouider（2011）对面孔和朝向箭头等刺激的研究也发现，当被拥挤的面孔和朝向箭头作为启动刺激呈现时，能对随后呈现的目标刺激的识别产生显著的启动效应，即对与启动刺激相同的目标刺激的反应要快于与启动刺激不同的目标刺激的反应（Faivre & Kouider, 2011），表明被拥挤的刺激能够被正确地知觉识别。这对错误整合模型的“拥挤效应的产生是由于目标刺激的特征与干扰刺激的特征发生错误结合，形成混乱知觉[2][4]”的观点提出了挑战。He等人（1996）提出的注意观点指出被拥挤刺激能够获得知觉加工，然而他们的研究主要关注特征刺激（He et al., 1996），如线条朝向等，而对于多特征刺激，如字母、汉字等之类的刺激能否获得正确的知觉整合，并未进行探讨。本研究发现被拥挤刺激能够诱发显著的N400，这为He等人的注意理论提供了直接的生理证据，并进一步扩展了该理论，发现视觉系统也能够对被拥挤的特征刺激进行准确的知觉整合。

被拥挤的多特征刺激能够被知觉，但是为什么不能够被外显报告呢？Intriligator和 Cavanagh（2001）指出，被拥挤刺激不能被报告不是因为对该刺激的知觉质量降低，而是临近的干扰刺激降低了对该刺激位置的可获得性（Intriligator & Cavanagh, 2001）。然而，本研究发现，拥挤条件下的N400平均幅值显著小于非拥挤条件下的平均幅值。有研究表明，N400幅值的大小与对刺激的知觉强度有关，如Vogel，Luck和Shapiro（1998）的研究发现，当给目标词增加不同强度的背景噪声，随着噪音的增强，个体对目标词与启动词的语义关系的判断准确率下降，目标词诱发的N400的幅值也减小（Vogel, Luck & Shapiro, 1998）；而掩蔽启动范式中，目标词被掩蔽时诱发的N400幅值也显著小于未掩蔽时诱发的N400（Coulson & Brang, 2010；Stenberg, Lindgren, Johansson, Olsson & Rosen, 2000）。这些研究结果表明，被拥挤刺激不能被有效报告，可能是由于临近的干扰刺激被作为噪音刺激，从而降低了对目标刺激的知觉质量。这也能够解释为什么被拥挤的低对比度的刺激不能产生适应效应（Blake, Tadin, Sobel, Raissian & Chong, 2006），而被拥挤的高对比度刺激能够产生适应效应（He et al., 1996）。进一步的研究需要对该假设进行检验。

此外，与实验2相比，本研究中将被拥挤刺激的呈现时间从350ms延长至1000ms，并将启动刺激呈现在中央视野，使被试能够充分识别启动刺激，形成较强的语义背景，只对目标刺激进行拥挤，结果发现被拥挤的目标刺激的确诱发了显著的N400成分。这说明，N400语义启动效应的大小跟刺激呈现时间（尤其是刺激呈现在外周视野时）、背景语义信息的建立程度以及任务类型可能有着较密切的关系。

五、结论

本研究发现，被干扰刺激拥挤的多特征刺激虽然不能被有效报告，但是仍然能够获得正确的知觉整合，其语义信息能够获得加工，并诱发显著的N400成分。这为He等人（1996）的注意观点提供了直接的生理证据。

第三章　视觉拥挤刺激的意识加工

第一节　实验4　跨通路延迟反应实验范式下视觉拥挤刺激意识加工的ERP研究

一、引言

拥挤刺激特征的检测和整合研究表明，虽然被拥挤刺激能够获得准确的知觉整合，其语义信息也能够获得有效提取，但是仍然不能被准确报告。本研究主要探讨被知觉的刺激为什么不能报告，以进一步考察拥挤效应的加工机制。

注意分辨率假设提出，个体能够知觉被拥挤的刺激，但是外周视野内较低的注意分辨率限制了该刺激到达意识层面，使个体不能对刺激进行有意识报告（He et al., 1996）。Fang和He（2008）在一项功能性磁共振（fMRI）研究中发现，初级视觉皮层（V1）上目标刺激诱发的血氧依赖（BOLD）信号不受呈现的干扰刺激的影响，但拥挤效应会调节目标刺激周围空间对应的皮层活动，因此Fang等人指出，拥挤效应是源于注意的空间分辨率不精确，支持注意分辨率有限假设。Fang等人的研究很好地揭示了拥挤效应如何影响V1皮层的神经活动，但注意分辨率假设还需要更多的实验证据支持该假设，尤其需要更多研究阐明个体加工拥挤刺激的认知过程，并证明被拥挤刺激不能够被报告是由于该刺激"未达到意识层面"导致的。

本实验拟采用跨通路延迟反应实验模式（Luo & Wei, 1997, 1999；Wei, Chan & Luo, 2002），考察被拥挤刺激的认知加工过程。探讨拥挤效应认知过程的一个难点在于，拥挤和非拥挤条件下的物理刺激不同，包括密度、对比度等，尤其是在ERP、fMRI等研究中，由这种物理属性差异诱发的结果会混淆由心理加工差异诱发的结果，因此我们不能对两个条件下的实验结果进行直接比较。跨通路延迟反应实验模式可以较好地解决这一问题。该范式中，同一个实验试次中会相继给被试呈现视觉刺激和听觉刺激，要求被试只注意一个感觉通道的刺激，即只注意视觉或者只注意听觉刺激，而忽略另一个感觉通道刺激。因此，如果将相同的实验刺激呈现在注意视觉和注意听觉通道中，然后用注意视觉通道试次减去注意听觉通道试次，即可以达到排除物理刺激属性对实验结果的混淆。而且，跨通路延迟反应实验模式要求被试在看到目标刺激时不要立即反应，而是在反应信号出现之后才能作出按键，这种操作方式能够很好地排除按键等行为动作对实验结果的干扰。

二、方法

（一）被试

实验招募18名在校大学生（2名男生），视力或矫正视力正常，其中2名被试由于眼动等伪迹太多而被剔除。剩下16名被试平均年龄为23.19 ± 2.713，均为右利手，母语为汉语，无任何精神病史。实验之前，被试签署了知情同意书。所有被试在本次实验之前均未参加过同类实验，并对本次实验目的不了解。

（二）材料与仪器

实验刺激包括20个汉字、4个假字、一个注视点和一个视觉反应信号。汉字包括10个为非动物字（如“家”），10个为动物字（如“象”），在实验中被用作目标刺激。假字采用windows TrueType造字程序制作，该类假字包含笔画特征，但不具有语义，在实验中被用作干扰刺激（Peng et al.，2013）。所有汉字和假字均为白色，被制作成视角大小为1°×1°、背景为灰色（128，128，128）的图片，并对其亮度、对比度进行统一处理。注视点为直径0.4°的白色小圆点，视觉反应信号是一个宽度为0.5°的红色小方块。所有视觉刺激呈现于22寸iiyama MA203DT D彩色显示器，其背景为灰色（128，128，128），刷新率为85Hz。

听觉刺激为adobe audition 1.5编译的两个正弦声波和一个听觉反应信号。正弦声波频率分别为1000Hz和800Hz，强度为60dB HL，持续时间30ms。听觉反应信号为500hz，20db HL，持续时间30ms的微弱咔哒声。所有听觉刺激通过耳机双耳呈现。

实验程序编制及数据采集均由E-prime2.0完成。

（三）实验设计与程序

实验为2（注意通道）×2（拥挤性）被试内设计。因素1“注意通道”包含两个水平：注意视觉刺激、忽略听觉刺激；注意听觉刺激、忽略视觉刺激。注意听觉与注意视觉通道呈现的刺激完全相同。因素2“拥挤性”也包括两个水平：1个目标字与2个干扰字形成目标刺激串（干扰—目标—干扰），被呈现在外周视野6°视觉位置，其中拥挤条件下，目标刺激与干扰刺激之间的空间间距（中心到中心）为1°；非拥挤条件下目标刺激与干扰刺激间的空间间距为4°。拥挤与非拥挤条件下采用的汉字、声音等刺激完全相同。

被试舒适地坐在微暗的电磁屏蔽屋内，双眼盯住显示器，眼睛距离显示器80cm。实验采用跨通路延迟反应实验模式，每个被试需要完成两项实验任务，即注意视觉、忽略听觉任务和注意听觉、忽略视觉任务。在注意视觉、忽略听觉任务中，随机选取一部分被试，给其呈现的视觉标准刺激为动物字，偏差刺激为非动物字；另一部分被试被呈现的视觉标准刺激为非动物字，偏差刺激为动物字。同样，在注意听觉、忽略视觉任务中，一部分被试被呈现的听觉标准刺激为1000Hz频率的高频声音，偏差刺激为800Hz的低频声音；另一部分被试的标准刺激则为800Hz声音，偏差刺激为1000Hz的声音。两项任务中，视觉和听觉标准刺激呈现的概率为80%，320次；偏差刺激呈现的概率为20%，80次。

实验任务一：注意视觉刺激、忽略听觉刺激

实验程序如图3-1所示。首先，屏幕中央呈现一个白色小圆点，呈现时间为700~1000ms的随机间隔。要求被试盯住中央的小圆点，眼睛不要上下左右乱动。然后在中央小圆点的左侧或者右侧6°视觉位置呈现目标刺激串，呈现时间为1000ms。要求被试盯住中央小圆点，眼睛不要上下左右乱动，用眼睛余光去辨别小圆点外侧出现的三个字中间的汉字是什么字，但此时不要求做出按键反应。接下来，电脑屏幕呈现500~700ms的随机间隔后，给被试随机呈现0个、1个或2个纯音刺激，纯音刺激可能为听觉标准刺激，也可能为听觉偏差刺激，每个声音呈现30ms，每两个声音间的时间间隔为500~700ms的随机间隔。要求忽略声音刺激。接下来在500~700ms的随机间隔后（如果纯音刺激呈现个数为0时，则不呈现该随机间隔），屏幕中央呈现反应信号红色小方块30ms。要求被试看见红色小方块出现之后，以尽量准确又快速的方式作出按键反应，判断前边呈现的三个字中间的汉字的类别，一半被试要求汉字为动物类时按鼠标左键，非动物类按鼠标右键，另一半被试则对动物类汉字按右键，非动物类汉字按鼠标左键。被试按键完后进入下一个试次，如果被试在2000ms内没有做出反应，则呈现2000ms的空屏后再进入下一个试次。

实验任务二：注意听觉刺激、忽略视觉刺激

实验程序如图3-2所示。首先，屏幕中央呈现一个白色小圆点，呈现时间为700~1000ms的随机间隔。要求被试盯住中央的小圆点，眼睛不要上下左右乱动。然后呈现一个800Hz或1000Hz的纯音，呈现时间为30ms。500~700ms的随机间隔后，在电脑屏幕外周视野6°视角位置给被试随机呈现目标刺激串，可能只呈现0次、1次或2次，每次呈现时间为1000ms，每两个目标刺激串间插入500~700ms的随机间隔。要求被试眼睛盯住中央白色小圆点，忽略屏幕中呈现的汉字刺激。接下来在500~700ms的随机间隔后（如果目标刺激未呈现，则不呈现该随机间隔），会呈现一个500Hz的微弱咔声作为反应信号，呈现时间为30ms。要求被试注意认真听清该声音，在听见反应信号之后，以尽量准确又快速的方式作出按键反应，判断前边呈现的声音为高音还是低音。一半被试要求高音时按鼠标左键，低音时按鼠标右键，另一半被试则对高音按右键，低音按鼠标左键。被试按键完后进入下一个试次，如果被试在2000ms内没有做出反应，则呈现2000ms的空屏后再进入下一个试次。

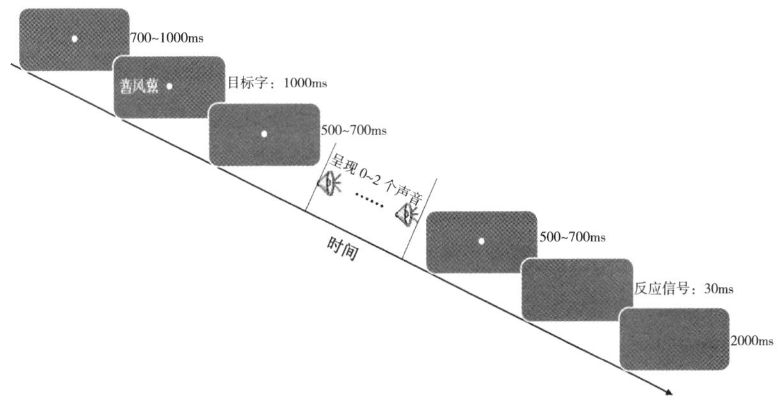

图3-1　任务一：注意视觉—忽略听觉任务实验程序及刺激示意图

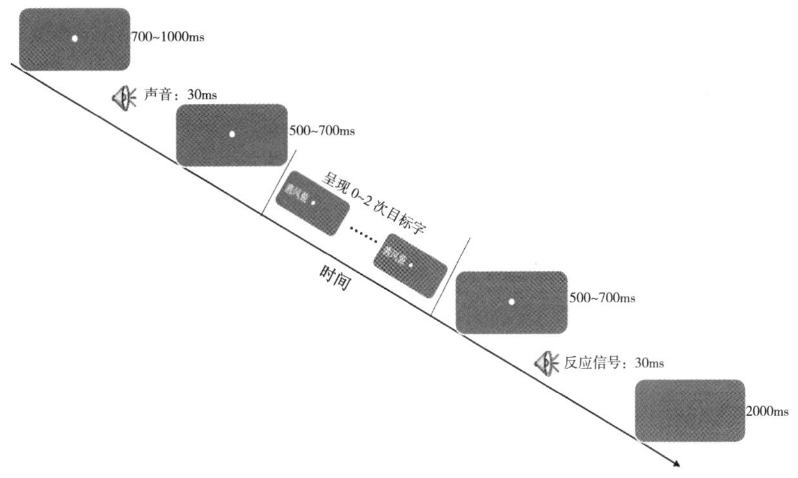

图3-2　任务二：注意听觉—忽略视觉任务实验程序及刺激示意图

被试在正式试验前进行充分练习，以熟悉实验程序。两项实验任务以随机顺序呈现，部分被试先完成注意视觉任务，部分被试则先完成注意听觉任务。拥挤和非拥挤条件在两项任务中的每个组块内均呈现，且以随机方式呈现。实验总共16个组块，每个组块包含100个试次，正式实验时被试每完成1个组块的试验休息30秒，完成一项实验任务后休息2分钟。

任务一和任务二采用的刺激完全相同，只是注意通道不同。本研究的主要目的是考察注意视觉和注意听觉通道条件下由视觉刺激引起的被试反应，而对听觉刺激诱发的被试反应不进行分析。因此，为了描述方便，在后文叙述中将注意视觉通道称为“注意条件”，注意听觉通道称为“非注意条件”。

（四）脑电记录与分析

采用Neuroscan ERP工作站，以根据国际10–20系统扩展的64导电极帽记录脑电信号。以单侧（左侧）乳突为参考电极，前额接地，以双眼外侧约1.5cm处安置电极记录水平眼电，左眼上下安置电极记录垂直眼电。采用AC采集，滤波带通为0.05~100Hz，采样频率为500Hz/导，所有电极与头皮间的阻抗均小于5kΩ。

对连续记录的脑电数据进行离线分析时，将单侧乳突参考转换成双侧乳突参考，并进行40Hz低通滤波。先前研究表明，水平眼动幅值为3.2 μV时，对应的水平眼动距离为0.1°（Zhang & Luck, 2009），而本研究中的刺激呈现在外周视野6°位置，如果被试要将注视点转移至外周视野6°位置，则需要的水平眼动幅值为192 μV（Lins, Picton, Berg & Scherg, 1993），而且被试在拥挤条件下的辨别力显著低于非拥挤条件下的辨别力，因此在离线分析时，不再对水平眼电波幅超过±50μV的试次进行剔除，而是对目标刺激呈现前100ms至呈现后1000ms时间段内的眼动伪迹（VEOG、HEOG）进行矫正，然后将其余电极上波幅大于±70μV的伪迹信号的实验试次数据剔除。刺激呈现前100ms作为基线。最后分别对各实验条件下偏差刺激和标准刺激诱发的ERP波形分别进行叠加平均，各条件的有效叠加次数均达到90%以上。

脑电分析分为两部分：首先，对视觉标准刺激诱发的ERP进行分析，考察个体对视觉刺激的加工过程。采用64导电极数据绘制ERP差异波地形图。

对总平均图（图3-5）和差异波地形图（图3-6）进行观察发现，拥挤和非拥挤条件下，注意条件和非注意条件诱发的ERP波形差异主要出现在P2成分上，拥挤条件下的差异在头皮后部电极上最大，而非拥挤条件下的差异则在头皮前部电极最大，因此P2选取180~250ms时间窗内的平均波幅进行三因素（拥挤性、注意条件、电极点）重复测量方差分析，选取的电极点为Oz和Fz。此外，实验还对100~120ms时间窗内的P1和120~160ms内的N1成分进行三因素重复测量方差分析，以考察早期成分是否有差异。对所有方差分析的p值进行Greenhouse-Geisser法矫正。

其次，对标准刺激和偏差刺激诱发的ERP进行分析，考察注意视觉条件下的小概率视觉偏差刺激能否诱发P3。因此只对注意视觉、忽略听觉任务中的ERP波进行叠加分析。分别对拥挤和非拥挤条件下的偏差、标准刺激诱发的ERP进行叠加。对总平均图和差异波（图3-3）的观察发现，拥挤和非拥挤条件下的小概率偏差刺激并未诱发P3，因此后续统计分析中将不对其进行报告。

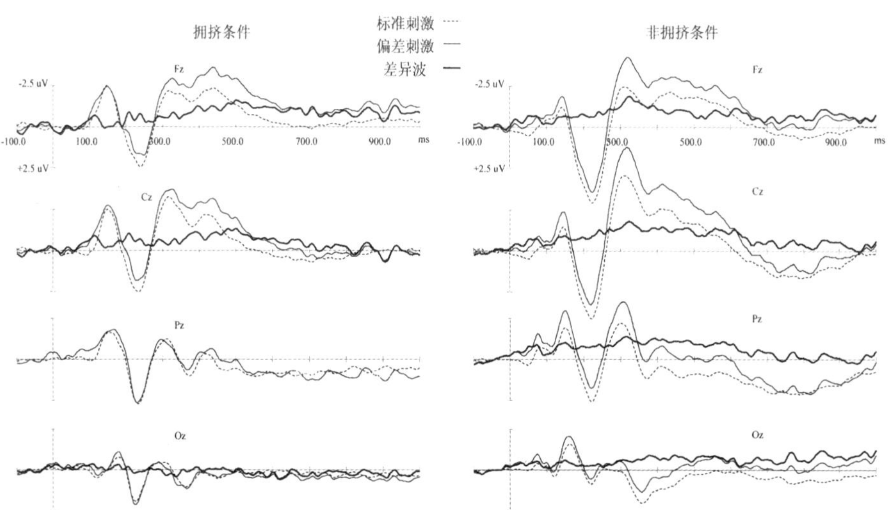

图3-3 注意视觉刺激任务中，拥挤和非拥挤条件下由标准刺激（虚线）、偏差刺激（细实线）诱发的ERP总平均图及差异波（粗实线，偏差刺激ERP—标准刺激ERP）

（五）溯源分析

采用sLORETA对ERP数据进行溯源分析。sLoRETA可以根据采集到的头皮电位数据对大脑皮质三维分布的神经元活动进行定位计算（Pascual-Marqui, 2002），其源定位的解具有唯一性、无偏性和零误差性（Sekihara, Sahani & Nagarajan, 2005）。定位分析前，先分别计算拥挤和非拥挤条件下的差异波，即用注意条件下的ERP减去非注意条件下的ERP，以排除物理刺激的影响、获得与刺激认知加工有关的纯净的头皮电位活动。然后计算180~250ms时间窗内的差异波的三维分布源。分析首先计算每个电极点的坐标值（Jurcak, Tsuzuki & Dan, 2007），然后采用真实的大脑模型（Fuchs, Kastner, Wagner, Hawes & Ebersole, 2002）和MNI152数字MRI结构模板（Mazziotta et al., 2001）将三维解限制于大脑皮质灰质。定位结果根据MNI坐标进行计算，该坐标将大脑皮质灰质划分为6239个体素，其空间分辨率为5mm。最后，将定位结果转化为Talairach坐标呈现，并得到相应的解剖名称以及对应的Brodmann 分区名称（Brett, Johnsrude & Owen, 2002）。

三、结果

（一）行为结果

由于本实验只关注被试对视觉刺激的识别程度，因此本实验只对注意视觉、忽略听觉任务中的任务成绩进行分析。

剔除反应时小于100ms的实验试次数据。由于本实验中偏差刺激和标准刺激的呈现试次数不相同，直接计算刺激识别的正确率不能很恰当地反映被试对刺激的识别能力，因此不能直接对拥挤和非拥挤条件下的刺激判断正确率进行比较。分析时先分别计算被试在拥挤和非拥挤条件下的辨别力（d′），然后对辨别力进行统计分析。图3-4为16名被试在各条件下的辨别力。对辨别力进行配对样本t检验，结果发现，拥挤条件下的辨别力（$M = 0.44$）显著低于非拥挤条件下的辨别力（$M = 2.52$），$t(15) = 11.745, p < 0.001$。与之前实验结果一致，本实验结果表明拥挤条件下干扰刺激对目标刺激的识别产生了干扰。

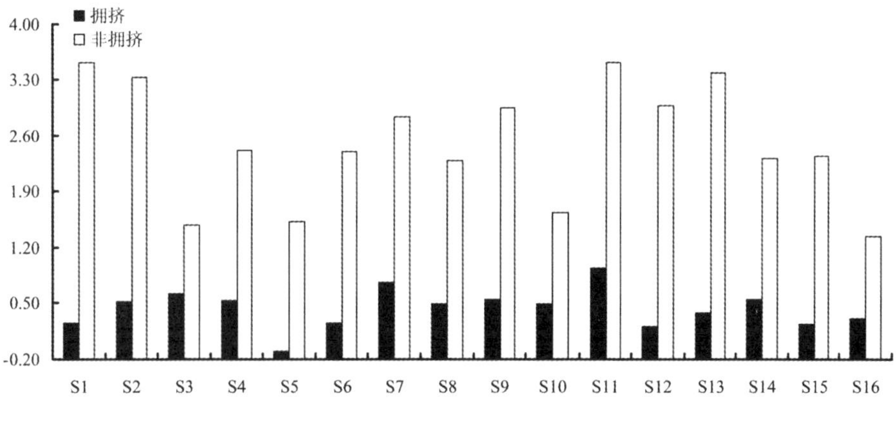

图3-4　16名被试在拥挤和非拥挤条件下的辨别力（d′）

（二）ERP结果

图3-5为各条件下标准刺激诱发的ERP总平均图。对总平均波进行分析：

100~120ms时间窗内的P1成分：2（拥挤性）×2（注意条件）×2（电极点）重复测量方差分析表明，拥挤性主效应不显著，$F(1, 15) = 0.593$，$p > 0.05$；注意条件主效应不显著，$F(1, 15) = 0.000$，$p > 0.05$；电极主效应不显著，$F(1, 15) = 1.313$，$p > 0.05$。

拥挤性×电极交互作用不显著，$F(1, 15) = 0.157$，$p > 0.05$；注意条件×电极交互作用显著，$F(1, 15) = 6.663$，$p < 0.05$；拥挤×注意条件交互作用不显著，$F(1, 15) = 0.719$，$p > 0.05$；拥挤性×注意条件×电极交互作用显著，$F(1, 15) = 2.815$，$p > 0.05$。

对注意条件×电极二重交互作用进行简单效应检验，结果表明，在Fz电极点上，注意条件下诱发的P1平均幅值（$M = -0.601$）与非注意条件下诱发的P1平均幅值（$M = -0.243$）不具有显著差异，$F(1, 15) = 2.374$，$p > 0.05$；

而在Oz电极点上，注意条件诱发的P1平均幅值（M = 0.230）显著大于非注意条件诱发的平均幅值（M = –0.124），$F(1, 15) = 4.935, p < 0.05$。

120~160ms时间窗内的N1成分：2（拥挤性）×2（注意条件）×2（电极点）重复测量方差分析表明，拥挤性主效应不显著，$F(1, 15) = 0.103$，$p > 0.05$；注意条件主效应不显著，$F(1, 15) = 0.161$，$p > 0.05$；电极主效应不显著，$F(1, 15) = 0.289$，$p > 0.05$。

拥挤性×电极交互作用显著，$F(1, 15) = 32.664, p < 0.05$；拥挤性×注意条件×电极交互作用显著，$F(1, 15) = 13.474$，$p < 0.05$；其余交互作用均不显著，$ps > 0.05$。

对三重交互作用进行简单效应检验，结果表明，在Fz电极点上，拥挤条件下的注意与非注意试次诱发的N1存在边缘显著，$p = 0.064$，注意试次诱发的N1幅值（M = 2.052）比非注意试次诱发的N1幅值（M = 1.233）更大；其余条件下的N1平均幅值没有显著差异，$p > 0.05$。

180~250ms时间窗内的P2成分：2（拥挤性）×2（注意条件）×2（电极点）重复测量方差分析表明，拥挤性主效应显著，$F(1, 15) = 23.058, p < 0.05$；注意条件主效应显著，$F(1, 15) = 5.735$，$p < 0.05$；电极主效应显著，$F(1, 15) = 13.235$，$p < 0.05$。

拥挤性×电极交互作用显著，$F(1, 15) = 16.819, p < 0.05$；拥挤性×注意条件×电极交互作用显著，$F(1, 15) = 31.555$，$p < 0.05$；其余交互作用均不显著，$p > 0.05$。

对三重交互作用进行简单效应检验，结果表明，在头皮前部电极点Fz上，拥挤条件下的注意与非注意试次诱发的P2平均幅值不存在显著差异，$F(1, 15) = 0.985$，$p > 0.05$；非拥挤条件下由注意试次诱发的P2平均幅值（M = 3.747）显著大于非注意试次诱发的平均幅值（M = 2.428），$F(1, 15) = 8.648$，$p < 0.05$。在头皮后部Oz电极点上，拥挤条件下由注意试次诱发的P2平均波幅（M = 0.788）显著大于非注意试次诱发的P2平均波幅（M = –0.217），$F(1, 15) = 12.157$，$p < 0.05$；而非拥挤条件下注意与非注意试次诱发的P2平均波幅没有显著差异，$F(1, 15) = 0.004$，$p > 0.05$。

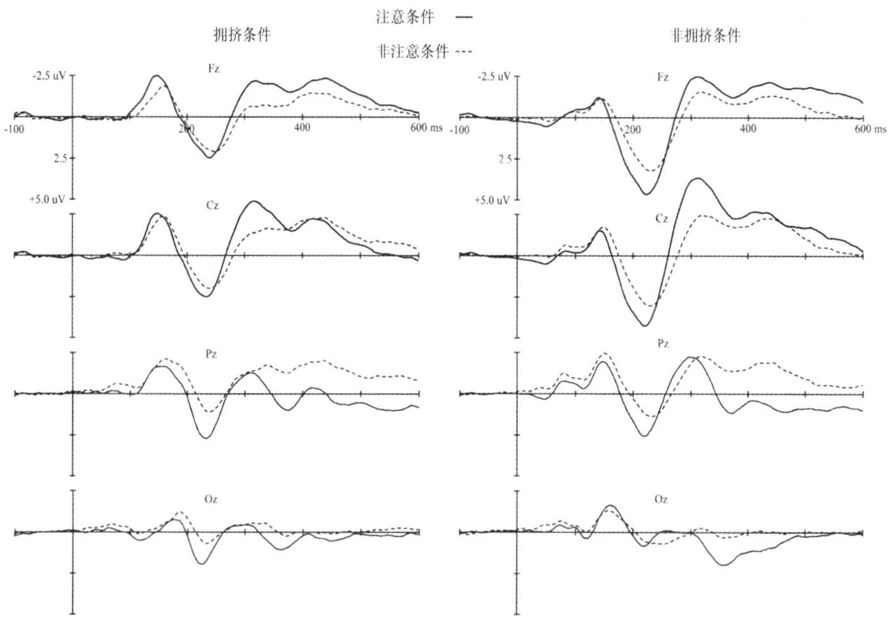

图3-5　拥挤和非拥挤条件下注意试次与非注意试次诱发的ERP总平均图

（三）溯源结果

图3-6为拥挤条件和非拥挤条件下注意与非注意试次诱发ERP的差异波及地形图。观察地形图可知，拥挤条件下注意与非注意试次在P2上的差异（180~250ms）主要表现在头皮后部，而非拥挤条件下注意与非注意试次在P2上的差异在头皮中顶部、前部。

采用sLORETA对180~250ms时间窗内的差异波的平均波幅进行溯源分析。图3-7显示了拥挤条件（A）和非拥挤条件（B）下的注意条件比非注意条件更加激活的大脑区域。表3-1列举了这些区域对应的解剖名称和MNI坐标。拥挤条件下，注意比非注意条件激活更大的大脑区域主要包括左侧枕叶部分的楔叶（Cuneus）和舌回（Lingual Gyrus），而非拥挤条件下主要包括的激活区域为左侧枕叶部分的大脑楔叶（Cuneus）、舌回（Lingual Gyrus），以及顶叶区域的楔前叶（Precuneus）和额叶区域的额中回（Middle Frontal Gyrus）。

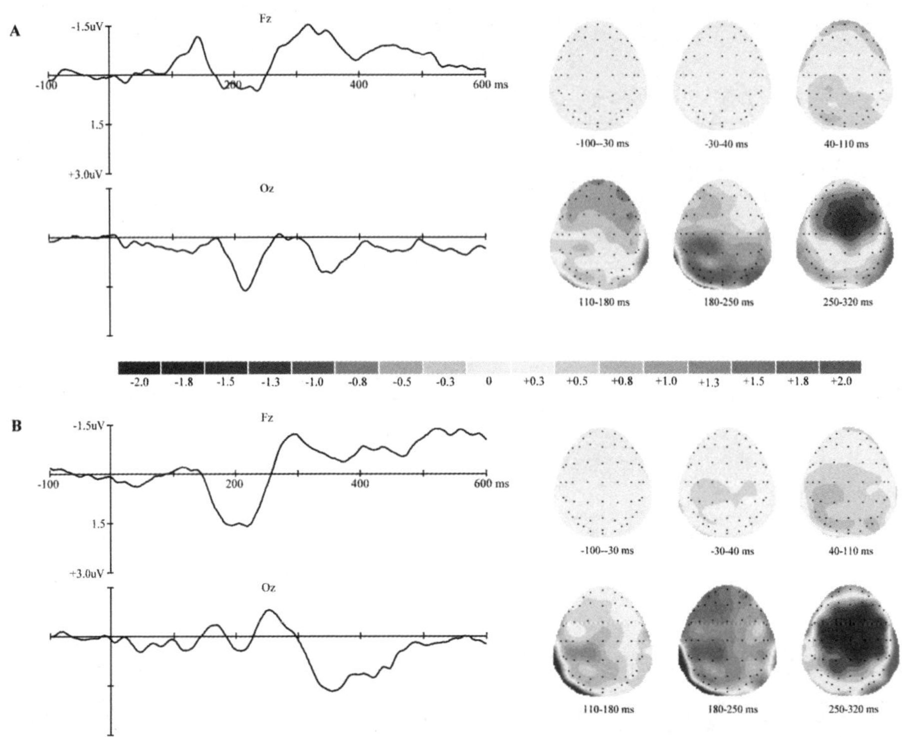

图3-6　注意与非注意试次诱发ERP的差异波（注意—非注意）及地形图。A：拥挤条件下的ERP差异波；B：非拥挤条件下的ERP差异波

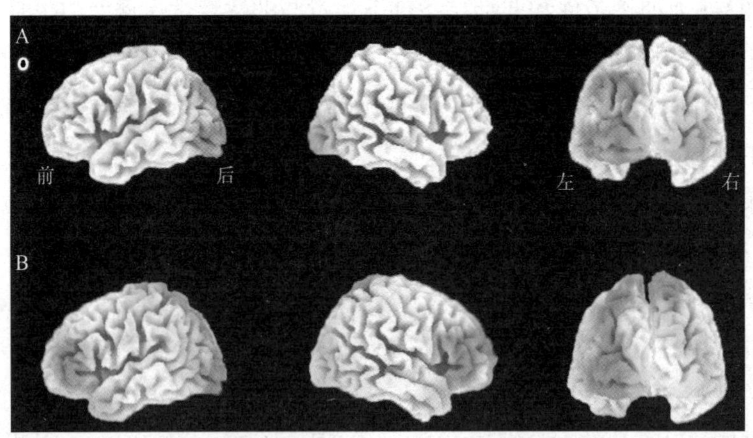

图3-7　拥挤条件（A）和非拥挤条件（B）下差异波（注意条件—非注意条件）的分布源定位

表3-1 拥挤和非拥挤条件下的注意条件比非注意条件更加激活的皮层区域名称及MNI坐标

	拥挤		
	解剖结构	大脑半球	MNI 坐标
额叶	…	…	…
顶叶	…	…	…
枕叶	楔叶（BA 19）	L	（X = –20, Y = –95, Z = 25）
	舌回（BA 18）	L	（X = –20, Y = –100, Z = –9）
	非拥挤		
	解剖结构	大脑半球	MNI 坐标
额叶	额中回（BA 46）	L/R	（X = 44, Y = 45, Z = 20）
顶叶	楔前叶（BA 7）	L/R	（X = –12, Y = –65, Z = 66）
枕叶	楔叶（BA 19）	L	（X = –30, Y = –90, Z = 26）
	舌回（BA 19）	L	（X = –20, Y = –95, Z = –10）

四、讨论

本实验采用跨通路延迟反应实验模式，考察了拥挤和非拥挤条件下被试对目标刺激的加工过程。行为结果表明，当呈现在外周视野的目标刺激周围呈现干扰刺激时，对目标刺激的识别能力下降，这与前人关于拥挤效应的研究结果一致（Cass, Bex, Watt & Dakin, 2007；Wallis & Bex, 2011）。

ERP结果发现，拥挤和非拥挤条件下，头皮后部电极上由注意试次诱发的P1幅值大于非注意试次诱发的P1幅值。先前大量研究表明，注意会调节对刺激的早期感觉加工。例如，在大脑后部皮层上，注意条件下的刺激比非注意条件下的刺激诱发更大的P1和N1成分（Hillyard & Anllo-Vento, 1998；

Luck & Ford, 1998)。因此，本研究在后部电极上发现的注意条件下的P1成分非注意条件下的P1成分，是由于注意导致的，这与先前的研究结果是一致的。然而，本研究还发现，注意对N1成分的大小却没有产生影响，即注意条件和非注意条件下的N1幅值没有显著差异。观察总平均图4-5发现，P2成分在N1成分的峰值初就已经开始出现了，这说明N1成分可能受到了P2成分的叠加干扰（Luck, 2005），所以注意与非注意条件下的N1成分没有表现出显著差异。P1和N1成分主要反映注意对认知加工的调节，而对拥挤效应不具有特异性，因此本实验不对其做进一步讨论。

对P2成分的分析发现，拥挤条件下由注意试次和非注意试次诱发的P2成分在头皮前部电极上没有显著差异，而在大脑皮层后部电极上，注意试次诱发的P2显著大于非注意试次诱发的P2成分。然而，与拥挤条件相反，非拥挤条件下注意试次诱发的P2成分在头皮前部电极上显著大于非注意试次，在后部电极上则没有差异。注意与非注意条件的ERP差异波显示，拥挤条件下的P2成分主要分布在枕叶皮层，非拥挤条件下则主要分布在顶叶、额叶皮层。先前研究表明，P2成分的诱发可能反映了被试检测复杂视觉特征的心理过程（Coulson, Federmeier, Van Petten & Kutas, 2005；Federmeier, Wlotko, De Ochoa-Dewald & Kutas, 2007），也可能与高级的视知觉加工过程相关（Luck & Hillyard, 1994）。本实验中发现拥挤和非拥挤条件下的目标刺激均能够诱发显著的P2，说明目标刺激即使被拥挤而不能有意识报告，也能够获得有效的知觉加工。

本实验还发现，可报告的刺激（非拥挤条件）在前部皮层诱发P2，而不可报告的刺激（拥挤条件）在后部皮层能够诱发显著的P2，但是在前部皮层则不能诱发P2。我们用注意试次诱发的ERP减去非注意试次诱发的ERP（这种操作能够很好地减掉刺激物理属性，剩下的差异波成分则主要代表纯粹的对汉字的心理加工过程），然后采用sLORETA对P2差异波进行溯源分析，结果发现，拥挤条件下识别刺激时激活的大脑区域主要集中在左侧枕叶，非拥挤条件下激活的大脑区域则包括左侧枕叶、顶叶以及额叶区域。

Dehaene, Changeux和Naccache等人（2006）在回顾前人研究的基础上指出，感觉刺激能否进入意识，与多个高级皮层区域的激活有关，包括顶叶（parietal）、前额叶（prefrontal）以及扣带前回（anterior cingulate areas）。Dehaene, Naccache和Cohen等人（2001）结合视觉掩蔽（masking）范式和功能性磁共振技术（fMRI）考察了被掩蔽词的神经机制，结果发现，与可见的未掩蔽词相比，不可报告的掩蔽词不能激活前额叶（prefrontal）和顶叶区域（parietal），说明前额叶与顶叶区域可能与被试能否有意识报告掩蔽词有关。这提示我们，本实验中前部皮层的P2可能与刺激能否被有意识报告有关，被拥挤而不能被报告的刺激不能够诱发前部皮层P2成分，源定位表明P2主要分布于枕叶皮层区域，而大脑的顶叶和额叶等高级皮层区域未被激活，说明被拥挤刺激不能到达我们的意识层面，与He等人（1996）提出的"干扰刺激阻止了目标刺激到达知觉意识层面"的假设是一致的。

然而，由于技术限制，采用大脑皮层电位对激活脑内源进行源定位可能会存在一定的误差，因此根据本研究结果得出的"被拥挤刺激不能进入知觉意识层面"结论还需要实验证据的进一步支持。

五、结论

本实验发现，对拥挤和非拥挤条件下的刺激进行识别加工时均诱发显著的P2成分，表明拥挤和非拥挤的刺激均能够获得有效的知觉加工。然而，对非拥挤条件下的刺激进行识别加工时诱发的P2成分主要分布在头皮前部，而识别拥挤条件下的刺激时诱发的P2成分主要分布在头皮后部，源定位结果表明，非拥挤条件下的刺激识别激活的大脑区域包括左侧枕叶、顶叶以及额叶区域，而拥挤刺激的识别主要激活左侧枕叶，顶叶和额叶区域没有明显激活，说明被拥挤的刺激不能到达知觉意识层面，因此不能被报告。

第二节　实验5　Oddball实验范式下视觉拥挤刺激意识加工的ERP研究

一、引言

实验4采用跨通路延迟反应实验模式，结果表明，被拥挤刺激的加工不能到达意识层面，因此不能被报告。本实验试图为该结论提供进一步的证据。

先前有研究表明，ERP成分P3与知觉意识（perceptual awareness）有关。P3最早是由Sutton等人在研究中发现的（Sutton, Braren, Zubin & John, 1965），是大约出现在刺激呈现后300ms一个大的正偏向ERP成分，因此该成分又常被称作P300。P3的峰值大约出现在400~600ms内，主要分布于头皮顶叶中线位置。Cavinato等人记录了处于无意识植物状态（vegetative state）病人的脑电活动（EEG），结果在1年以后能够苏醒（即恢复意识状态）的病人的脑电活动中检测到了显著的P3成分，而在未能够苏醒的病人的脑电活动中未检测到P3（Cavinato et al., 2009），说明P3与知觉意识相关，能作为植物病人苏醒的预测指标。大量对正常被试的研究也发现，未意识觉察到的刺激诱发的P3显著小于意识觉察到的刺激诱发的P3，表明P3与知觉意识相关（Babiloni, Vecchio, Miriello, Romani & Rossini, 2006；Koivisto & Revonsuo, 2003；Lamy, Salti & Bar-Haim, 2009；Pins & Ffytche, 2003；Sergent, Baillet & Dehaene, 2005；Wilenius-Emet, Revonsuo & Ojanen, 2004）。

早期研究表明，P3成分通常出现在Oddball实验范式中。该范式中，通常包括两种刺激，其中一种刺激被称为标准刺激，出现的概率较大（如

80%），另一种刺激被称为偏差刺激，出现的概率较小（如20%）。在实验过程中，两类刺激出现的顺序为随机顺序，因此，小概率的偏差刺激对于被试来说成为偶然出现的刺激，即奇异刺激。当要求被试对刺激进行按键反应时，小概率刺激通常比大概率刺激诱发一个更大的P3成分，其最大波幅通常在Pz电极点附近出现（Vogel et al., 1998；魏景汉、罗跃嘉，2010）。例如，实验中，当汉字“人”作为标准刺激以85%的概率出现，而汉字“狗”作为偏差刺激以15%的概率出现时，汉字“狗”将比“人”诱发一个更大的P3。

本研究拟采用Oddball实验范式，考察呈现在外周视野6°视角位置的刺激在拥挤和非拥挤条件下是否能够诱发显著的P3。虽然Vogel等人（1998）曾在研究中指出，Oddball范式中P3的诱发与刺激本身出现的次数无关，而只与任务定义的类别有关，如他们在研究中采用的偏差刺激为字母E，其出现概率为15%，而标准刺激为多个字母组成，出现概率为85%，但由于给定被试的任务是分辨“字母E”和“非字母E”，因此，即使标准刺激中的每个字母出现概率很小，但是仍然属于大概率刺激（非字母E）类别，诱发的P3相对于小概率刺激更小（Courchesne, Hillyard & Courchesne, 1977）。然而，我们在实验4中，大概率刺激采用多个汉字，却没能发现P3，这可能是由于刺激太多，被试不能很好地形成大小概率。因此，本实验中我们将采用经典的2刺激Oddball范式，即标准刺激由1个刺激组成，偏差刺激也只包括1个刺激，考察拥挤和非拥挤刺激能否诱发P3。

二、方法

（一）被试

实验招募19名在校大学生（4名男生），视力或矫正视力正常，其中4名被试由于眼动等伪迹太多而被剔除。剩下15名被试平均年龄为22.20 ±1.474，均为右利手，母语为汉语，无任何精神病史。实验之前，被试签署了知情同意书。所有被试在本次实验之前均未参加过同类实验，并对本次实验目的不了解。

（二）材料与仪器

从实验2所用汉字刺激中选取汉字“妹”和“线”作为本实验的目标刺激，干扰刺激与前边实验中采用的相同，为4个白色假字。所有汉字刺激均制作成视角大小为1°×1°、背景为灰色（128,128,128）的图片，并对其亮度、对比度进行统一处理。所有刺激呈现于背景为灰色（128,128,128）、刷新率为100Hz 的22寸iiyama MA203DT D彩色显示器。实验程序编制及数据采集均由E-prime2.0完成。

（三）实验设计与程序

实验为2（拥挤性）×2（刺激类别）被试内设计。因素1“拥挤性”包括两个水平：1个目标字与2个干扰字形成目标刺激串（干扰—目标—干扰），被呈现在外周视野6°视觉位置，拥挤条件下，目标刺激与干扰刺激之间的空间间距（中心到中心）为1°；非拥挤条件下目标刺激与干扰刺激间的空间间距为4°。拥挤与非拥挤条件下采用的汉字等刺激完全相同。因素2“刺激类别”也包括两个水平：标准刺激，呈现的概率为80%，整个实验中呈现800次；偏差刺激，呈现概率为20%，整个实验中呈现次数为200次。呈现给每个被试的标准刺激为随机从两个目标汉字中选取一个，剩下的另一个汉字则作为偏差刺激。

图3-8为实验程序流程图。被试舒适地坐在微暗的电磁屏蔽屋内，双眼盯住显示器，眼睛距离显示器80cm。实验采用oddball延迟反应实验范式。首先，屏幕中央呈现一个白色小圆点，呈现时间为700~1000ms的随机间隔。要求被试盯住中央的小圆点，眼睛不要上下左右乱动。然后，在中央小圆点的左侧或者右侧6°视觉位置呈现目标刺激串，呈现时间为1000ms。要求被试盯住中央小圆点，用眼睛余光去辨别小圆点外侧出现的三个字中间的汉字是什么字，但此时不要求做出按键反应。接下来，电脑屏幕呈现500~700ms的随机间隔后，屏幕中央的白色小圆点变成红色小方块，呈现时间为30ms。

要求被试看见红色小方块出现后，以尽量准确又快速的方式作出按键反应，判断前边呈现的三个字中间的汉字是标准刺激还是偏差刺激，一半被试要求中间的汉字为标准刺激时按鼠标左键，偏差刺激时按鼠标右键，另一半被试则对标准刺激按鼠标右键，对偏差刺激按鼠标左键。被试按键完后进入下一个试次，如果被试在2000ms内没有做出反应，则呈现2000ms的空屏后再进入下一个试次。

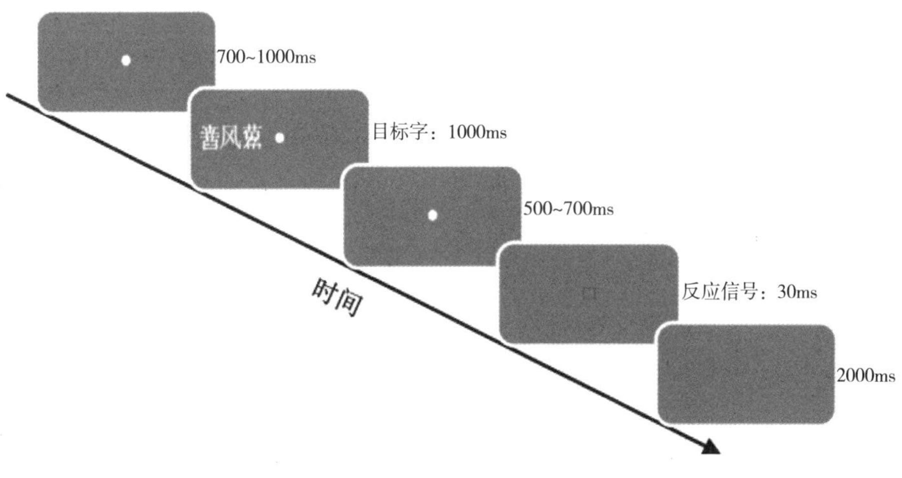

图3-8　实验5实验程序及刺激示意图

（四）脑电记录与分析

采用Neuroscan ERP工作站，以根据国际10–20系统扩展的32导电极帽记录脑电信号。以单侧（左侧）乳突为参考电极，前额接地，以双眼外侧约1.5cm处安置电极记录水平眼电，左眼上下安置电极记录垂直眼电。采用AC采集，滤波带通为0.05~100Hz，采样频率为500Hz/导，所有电极与头皮间的阻抗均小于5kΩ。

对连续记录的脑电数据进行离线分析时，将单侧乳突参考转换成双侧乳突参考，并进行40Hz低通滤波。对目标刺激呈现前200ms至呈现后1000ms时间段内的眼动伪迹（VEOG、HEOG）进行矫正，然后将其余电极上波幅大于±70μV的伪迹信号的实验试次数据剔除。刺激呈现前200ms作为基线。最后分别对拥挤和非拥挤实验条件下的偏差刺激和标准刺激诱发的ERP波形进行叠加平均，各条件的有效叠加次数均达到85%以上。

采用32导电极数据绘制ERP差异波地形图。对总平均图（图3-10）和差异波地形图（图3-11）进行观察发现，非拥挤条件下P3主要出现在520~800ms之间，主要分布在头皮后部电极，而拥挤条件下所有电极点上的所有时程内均没有观察到P3，因此本研究选取550~750ms时程内的原始波的平均波幅进行三因素（拥挤性、刺激类别、电极点）重复测量方差分析，选取P3.Pz、P4.CP3.CPz、CP4六个电极点进行分析。对方差分析的p值进行Greenhouse-Geisser法矫正。

三、结果

（一）行为结果

同实验4，剔除反应时小于100ms的实验试次数据，由于标准刺激和偏差刺激出现的次数不等，直接计算刺激识别的正确率不能很恰当地反映被试对刺激的识别能力，因此分别计算拥挤和非拥挤条件下的刺激辨别力（d′）。图3-9为15名被试在拥挤和非拥挤条件下的刺激辨别力。

对辨别力进行配对样本t检验，结果发现，拥挤条件下的辨别力（M = 0.40）显著低于非拥挤条件下的辨别力（M = 3.67），$t(14) = 11.094$，$p< 0.001$。与之前实验结果一致，本实验结果表明拥挤条件下干扰刺激对目标刺激的识别产生了显著干扰。

（二）ERP结果

图3-10和3-11分别为各条件下ERP总平均图和差异波地形图。对

550~750ms内的平均幅值进行2（拥挤性：拥挤vs.不拥挤）×2（刺激类别：标准刺激vs.偏差刺激）×电极点（P3.Pz、P4.CP3.CPz、CP4）重复测量方差分析，结果表明：

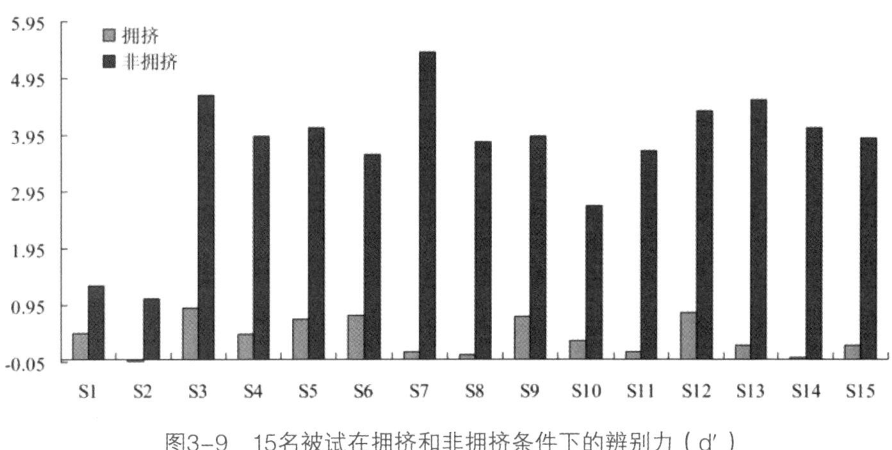

图3-9　15名被试在拥挤和非拥挤条件下的辨别力（d'）

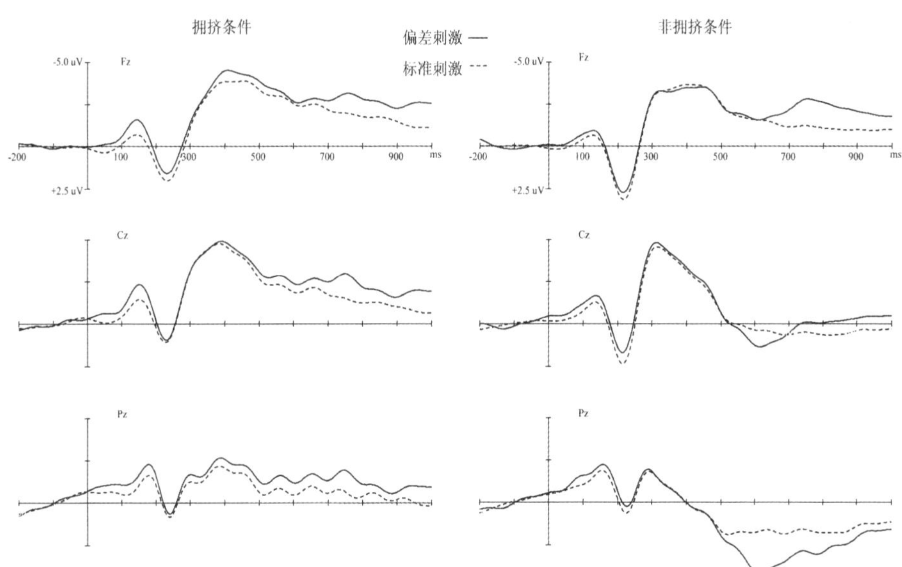

图3-10　拥挤和非拥挤条件下由标准刺激与偏差刺激诱发的ERP总平均图

拥挤性主要性显著，F(1, 14) = 30.856, $p < 0.05$；电极点主效应显著，F(2.36, 33.08) = 7.258, $p < 0.05$；刺激类别主效应不显著，F(1, 14) = 2.689, $p > 0.05$。

电极点×拥挤性交互作用显著，F(2.84, 39.74) = 8.216, $p < 0.05$，简单效应分析表明，拥挤条件下的平均幅值在6个电极点上均小于非拥挤条件下的平均幅值，$ps < 0.05$。拥挤性×刺激类别主效应显著，F(1, 14) = 19.237, $p < 0.05$，简单效应分析表明，拥挤条件下，由偏差刺激 诱发的ERP平均幅值（M = –1.017）小于标准刺激诱发的平均幅值（M = –0.341），但二者没有显著性差异，F(1, 14) = 3.702, $p > 0.05$；然而，非拥挤条件下，偏差刺激诱发的ERP平均幅值（M = 3.358）显著大于标准刺激诱发的平均幅值（M = 1.718），F(1, 14) = 14.236, $p < 0.05$，这说明拥挤条件下的偏差刺激未能比标准刺激诱发更大的P300，而非拥挤条件下的偏差刺激则诱发了显著的P300。电极点×刺激类别以及拥挤性×电极点×刺激类别三重交互作用均不显著，$ps > 0.0$。

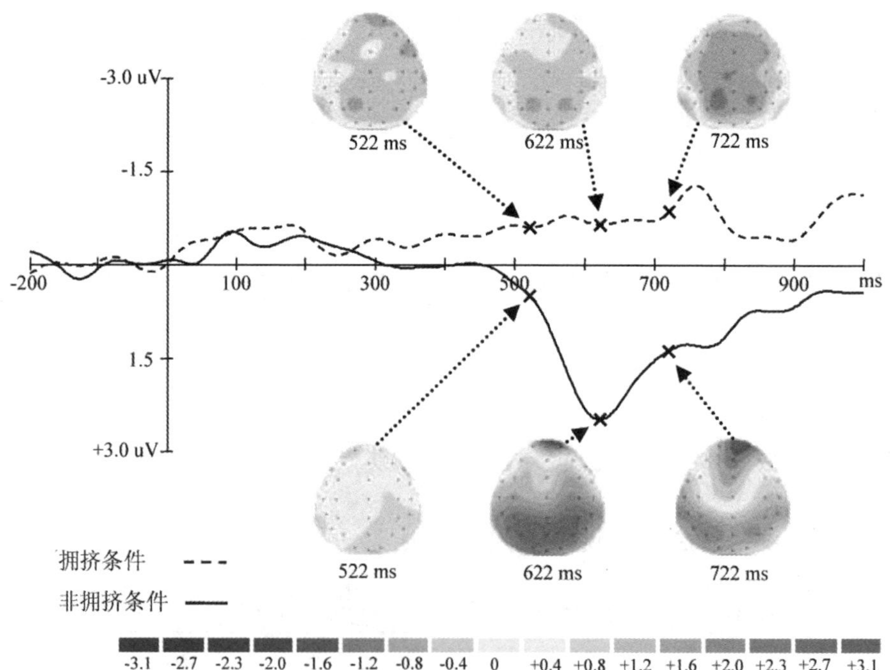

图3-11　拥挤条件和非拥挤条件下由标准刺激和偏差刺激诱发ERP的差异波（偏差刺激–标准刺激）及地形图

四、讨论

本实验采用经典2刺激Oddball实验范式，考察了拥挤和非拥挤条件下的偏差刺激能否诱发显著的P3成分。行为研究结果发现，非拥挤条件下被试能够很好地辨别呈现在外周视野的刺激为标准刺激还是偏差刺激，拥挤条件下被试的辨别力则显著低于非拥挤条件下的辨别力。该结果说明，即使呈现的刺激为2个刺激时，仍然表现出强烈的拥挤效应，被试仍然很难正确识别出被干扰刺激拥挤的目标刺激。

与行为结果一致，ERP结果发现，非拥挤条件下的偏差刺激诱发的P3显著大于标准刺激诱发的P3，且该成分在头皮后边电极Pz电极点附近表现得最大，这与前人的研究结果是一致的（Vogel et al., 1998）。然而，与非拥挤条件相反，拥挤条件下偏差刺激和标准刺激诱发的P3没有显著差异。

已有关于P3成分的理论指出，P3反映了刺激信息在工作记忆中的更新（Emanuel Donchin, 1981；E. Donchin & Coles, 1988），与知觉意识有着密切关系（Cavinato et al., 2009；Lamy et al., 2009）。Vogel等人（1998）采用Oddball范式考察了注意瞬脱（Attentional Blink）现象的认知加工过程。他们的研究结果发现，当目标刺激的辨别成绩受到干扰刺激的损害时，由偏差目标刺激诱发的P3与标准目标刺激诱发的P3没有显著差异。Vogel等人提出，注意瞬脱中被干扰的目标刺激诱发的P3被完全抑制掉，表明该刺激不能进入被试的意识层面，所以被试不能对其进行外显报告。本研究与Vegel等人的研究结果相似，发现在非拥挤条件下的偏差刺激能够被有效识别并诱发显著的P3，表明外周视野内的偏差刺激能够被个体有效知觉意识到。然而，相同的刺激在拥挤条件下不能被有效识别，也不能诱发显著的P3，说明被拥挤的刺激不能够到达意识层面，进一步支持了实验4的结果以及He等人的注意假设（He et al., 1996）。

此外，实验4中采用的跨通路反应延迟实验模式同样使用了标准刺激（呈现概率为80%）和偏差刺激（概率为20%），结果发现，无论是在拥挤条件下还是在非拥挤条件下，偏差刺激与标准刺激诱发的P3均没有显著差异。但是我们显然不能据此认为拥挤和非拥挤条件下的刺激均没有达到意识层面，因为被试能够很好地识别报告非拥挤条件下的刺激。比较实验4和实验5的过程，非拥挤条件下的偏差刺激不能诱发更大的P3，可能由于两个原因：首先，实验4采用了两类刺激，一类刺激作为标准刺激，另一类作为偏差刺激，而每一类刺激均包括10个汉字；其次，实验4拥挤和非拥挤条件在同一个实验组块中随机呈现，而实验5中拥挤和非拥挤条件是在不同组块中呈现。刺激太多、实验难度较大，可能都影响了被试对类别概率的形成，导致非拥挤条件下的偏差刺激不能诱发更大的P3。

五、结论

本实验发现，拥挤条件下的偏差刺激与标准刺激诱发的P3没有显著差异，而非拥挤条件下由偏差刺激和标准刺激诱发的P3存在显著差异，表明非拥挤条件下的刺激能够达到知觉意识层面，而拥挤条件下的刺激由于临近干扰刺激的阻碍，不能进入个体的知觉意识，因此个体不能对其进行准确的识别报告。

第三节　实验6 视觉拥挤刺激意识加工的fMRI研究

一、引言

在实验4中，采用ERP技术，结合跨通路延迟反应实验模式，考察了拥挤和非拥挤条件下被试对目标刺激的加工过程，研究结果发现，大脑能够对拥挤和非拥挤刺激进行有效知觉加工，具体表现为无论刺激是否被干扰刺激干扰，均能够诱发显著的P2脑电成分，该成分与个体的高级心理加工过程相关（Luck & Hillyard, 1994）。但该成分的脑区分布在拥挤和非拥挤条件下表现出了差异，识别非拥挤刺激时诱发的P2成分主要分布在头皮前部，激活的脑区包括左侧枕叶、顶叶以及额叶区域，拥挤刺激的识别诱发的P2成分主要分布于左侧枕叶，顶叶和额叶区域没有明显激活。实验4的研究结果说明视觉系统对拥挤刺激的加工不能到达知觉意识层面。

但实验4对激活脑区的定位基于大脑皮层电位对激活脑内源进行源定位，即溯源分析。该技术是将头皮脑电信号反推回源头，以确定大脑活动的具体区域位置。虽然该技术对理解大脑功能具有重要意义，但同时也存在一定技术限制，比如头皮和颅骨等组织会影响EEG信号的传播，使信号强度衰减、分布范围变形，从而导致比较难以对神经元活动的区域进行精确定位（Grech et al., 2008；Hassan & Wendling, 2018）。功能性磁共振技术（fMRI）具有高空间分辨率优势，可以较为准确地探讨大脑进行认知加工活动时激活的大脑区域。因此，本实验拟采用事件相关fMRI设计，考察个体加工被拥挤的刺激时所激活的脑区分布，以检验实验4的溯源分析结果，进一步为“被拥挤刺激能够获得知觉加工，但是不能进入知觉意识层面”结论提供神经基础证据。

本实验采用视觉注意选择范式，要求被试完成注意和非注意任务。两类任务中采用的拥挤和非拥挤刺激相同，不同之处在于，注意任务中要求被试识别判断被拥挤和未被拥挤的目标汉字刺激，非注意任务中不要求被试识别目标汉字刺激，而是判断视觉反应信号的亮度变化。与实验4的ERP研究类似，本实验通过比较拥挤刺激在注意和非注意条件下、非拥挤刺激在注意和非注意条件下诱发的脑部神经活动，在排除刺激物理属性混淆心理加工结果的基础上，考察个体识别拥挤与非拥挤刺激诱发的神经活动的差异。根据实验4结果及前人相关研究（Dehaene et al., 2006；Dehaene et al., 2001），本实验预期，额叶与顶叶区域可能是意识加工的神经基础，与能有意识报告的非拥挤刺激相比，不能报告的拥挤刺激不能激活额叶及顶叶等相关脑区。

二、方法

（一）被试

20名在校大学生（5名男生，年龄在19~24岁之间，平均年龄为20.7岁）参加了本次实验。所有被试均为右利手，视力或矫正视力正常，无药物成瘾史，没有任何中枢神经系统异常或损伤。所有被试在本次实验之前均未参加过同类实验，并对本次实验目的不了解。研究得到西南大学机构审查委员会的批准，实验之前，被试均签署了知情同意书。实验按照《赫尔辛基宣言》进行（世界医学协会，2013年）。

（二）实验材料

本实验包括两类任务，汉字辨别与亮度辨别任务。其中，汉字辨别任务作为注意条件（注意拥挤刺激），亮度辨别任务作为非注意条件（不注意拥挤刺激）。汉字辨别任务实验采用的材料同实验4，包括20个汉字、4个假字、1个注视点和1个视觉反应信号（白色小方块）。亮度辨别任务采用的汉字、假字和注视点刺激同汉字辨别任务，视觉反应信号包括深灰色（RGB值为128，128，128）和浅灰色（192，192，192）两种小方块。

（三）实验设计与程序

实验为2（拥挤性：拥挤/非拥挤）×2（注意：注意/非注意）被试内实验设计。实验程序编制及数据采集均由E-prime1.0完成。

实验包括汉字辨别和亮度辨别两类任务（实验任务流程见图3-12）。被试在核磁共振扫描仪中完成所有实验任务。在汉字辨别任务中，要求被试双眼盯着屏幕中央的注视点，眼睛不要上下左右乱动，用眼角余光识别屏幕上的刺激。随后在注视点左侧或右侧6°视角位置随机呈现4个假字环绕1个真字的刺激，呈现时间为1秒，要求被试等待汉字刺激消失，并看到反应信号

（呈现时间为1秒）之后，尽快又准确地判断真字是动物字还是非动物字，并作出相应的按键反应。假字与真汉字间的空间间距（两个字的中心到中心距离）包括拥挤和非拥挤两种条件，拥挤条件下每个假字与中间真汉字的空间间距为1°，非拥挤条件下假字与真字的空间间距为4°。

亮度辨别任务呈现的刺激和程序与汉字辨别任务相同，区别在于实验任务不同。亮度辨别任务不要求被试识别屏幕呈现的汉字，而是对呈现在汉字之后的反应信号（呈现时间为1秒）的亮度进行辨别，并既快又准确地判断反应信号的亮度高还是低，并做出按键反应。

实验共包含4组汉字辨别任务和4组亮度辨别任务，两类任务进行组间交替呈现。两类任务的每组实验均包含144个试次，其中拥挤条件和非拥挤条件分别为36个试次，空白条件72个试次，所有试次以伪随机方式呈现（Mayr, Awh & Laurey, 2003）。每完成一组实验任务，被试休息1分钟。在正式实验前，被试先完成一组72个试次的练习，确保被试理解实验流程。

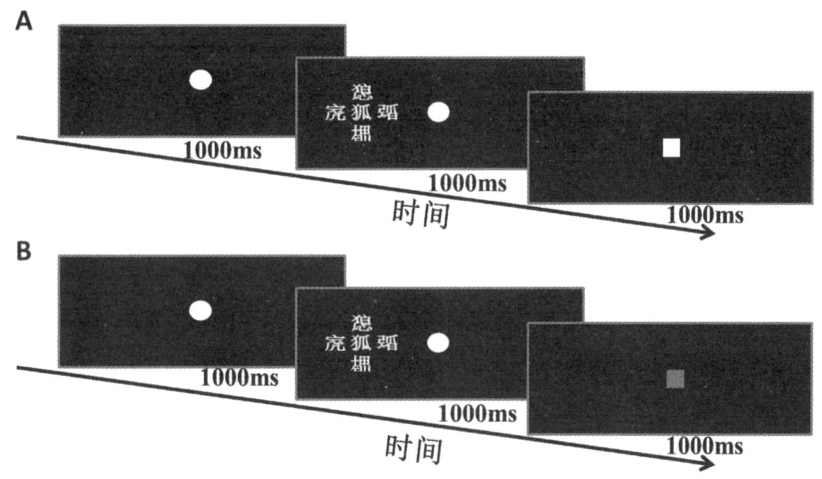

图3-12　汉字辨别任务（A）和亮度辨别任务（B）实验流程示意图

（四）核磁共振数据记录及分析

采用西门子3.0T核磁共振成像系统采集脑成像数据。采用平面回波成像序列（echoplanar imaging，EPI）采集功能像数据，采集参数为：重复时间（TR）为1500ms，回波时间（TE）为30ms，翻转角度（FA）为90°，矩阵值为64×64，轴位为24层，层厚为5.0mm，层间距为1mm。实验最后采用3D磁化快速梯度回波序列（MPRAGE）采集高分辨率T1加权结构像以进行空间标准化和定位，扫描参数如下：扫描层厚1mm，分辨率$0.98 \times 0.98mm^2$，TR为1900ms，TE为2.52ms，反转角为9°，扫描视野FoV为$256 \times 256mm^2$，其扫描层数为176层。

采用SPM12软件对数据进行预处理。去除前5个时间点的数据以减少磁场信号不稳定对结果的影响。对剩余时间点数据进行时间层矫正和头动矫正（如果被试的头动平移大于2毫米或头部转动大于2度，其数据将不进入后续分析）。将被试的结构像与矫正后的EPI图像进行配准，并根据东亚脑模板的脑结构组织进行分割，生成空间标准化参数，随后采用该参数将矫正的EPI图像空间标准化到MNI标准空间（体素为3×3×3mm），然后进行高斯空间平滑（Smooth），平滑核（FWHM）为$6 \times 6 \times 6mm^3$。

采用一般线性模型（GLM）对被试数据进行建模，以分析激活脑区。实验共有2个部分，分别为注意（辨别汉字）和非注意（辨别亮度）任务，每个部分包括拥挤和非拥挤条件。首先，对2个部分的数据进行分析，得到单个被试分别加工不同注意和拥挤条件下的汉字刺激的神经激活水平；随后，采用单样本t检验，获得被试加工不同注意和拥挤条件下刺激的神经激活水平的差异，本研究以体素水平阈值$p<0.001$且Cluster水平（FWE矫正）$p<0.05$作为激活脑区的统计学标准。

三、结果

（一）行为结果

本实验主要关注被试对视觉拥挤刺激的识别，因此行为结果只分析注意条件（汉字辨别任务）下被试对拥挤和非拥挤刺激的识别准确率。

分别计算被试识别拥挤和非拥挤刺激的正确率（图3-13），然后进行配对样本t检验。结果发现，被试识别拥挤刺激的正确率（M = 0.68）显著低于识别非拥挤刺激的正确率（M = 0.78），t（19）=18.22，$p < 0.001$，表明本研究实验条件下，被试对目标刺激的识别受到干扰刺激的抑制，产生了显著的拥挤效应。同时，研究中被试对非注意条件下视觉反应信号的亮度辨别准确率为0.91，表明被试对实验的过程清楚，且实验态度认真。

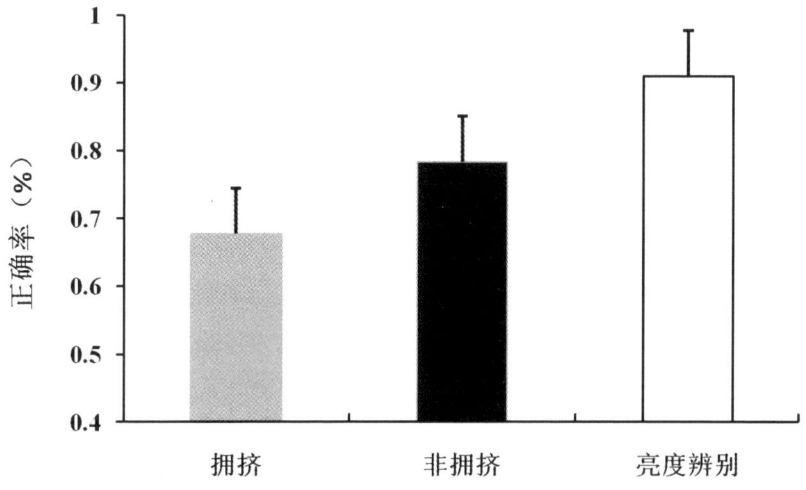

图3-13　各实验条件下被试的反应正确率

（二）脑激活结果

表3-2和图3-14呈现了被试在注意和非注意条件下分别识别拥挤或者非拥挤刺激时所激活的具有显著统计差异的脑区（在本研究中，所有激活脑区的统计显著性经过FWE矫正后，p值均小于0.001）。图和表的结果显示，个体在识别拥挤刺激时，注意和非注意条件下激活的不同脑区位于左侧顶叶区域的楔前叶（Precuneus，BA7）；识别非拥挤刺激时，注意和非注意条件下激活的不同脑区主要表现在左侧顶叶区域的楔前叶（BA7）和左侧额叶的额中回（Middle Frontal Gyrus，BA9）。

表3-2　拥挤、非拥挤刺激在注意与非注意条件下的激活脑区差异

（$P_{FWE-corr}$< 0.05）

刺激	任务比较	激活脑区差异	布鲁德曼区	x	y	z	K	Z
拥挤刺激	注意Vs.非注意	左侧楔前叶	BA7	–24	–66	36	1648	3.99
非拥挤刺激	注意Vs.非注意	左侧楔前叶	BA7	–22	–64	48	1880	4.97
		额中回	BA9	–42	10	32	1106	4.80

BA: Broadmann区；x/y/z: Talairach坐标（mm）；K: 激活体积；Z: 峰值激活Z分

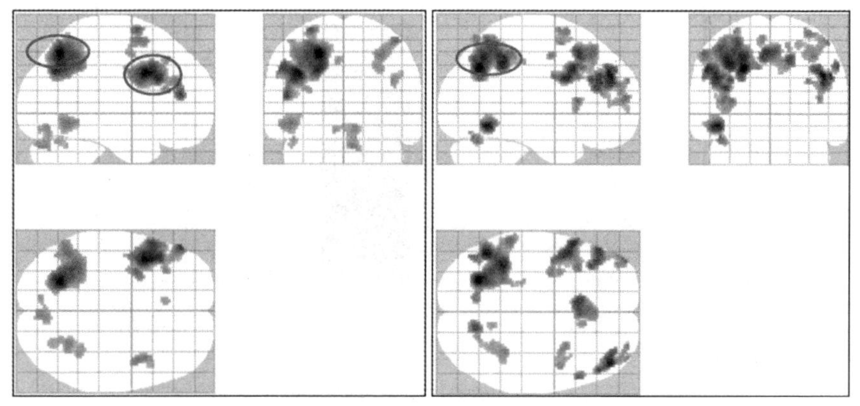

图3-14　拥挤、非拥挤刺激在注意和非注意条件下的脑激活差异

注：A. 辨别非拥挤刺激，注意>非注意：左侧楔前叶（BA7）、额中回（BA9）；B.辨别拥挤刺激，注意>非注意：左侧楔前叶（BA7）

四、讨论

本实验采用fMRI技术，结合视觉选择性注意范式，要求被试识别注意和非注意条件下的拥挤、非拥挤刺激，考察两类刺激诱发的脑神经基础，以检验实验4中对EEG信号的溯源分析结果。本实验结果表明，与

被拥挤的非注意刺激相比，被拥挤的注意刺激能够诱发更强烈的左侧楔前叶（Precuneus,BA7）活动，而被注意的非拥挤刺激在左侧楔前叶（Precuneus,BA7）和额中回（Middle Frontal Gyrus,BA9）诱发的脑部活动强于未注意的非拥挤刺激诱发的脑活动。

在本研究的实验4中，我们发现识别拥挤刺激时诱发的脑电成分被定位于左侧枕叶区域的楔叶（Cuneus）和舌回（lingual gyrus），顶叶和额叶区域没有明显激活，而在本实验中，我们发现识别拥挤刺激时激活的大脑区域为顶叶区的楔前叶（Precuneus）。识别非拥挤刺激时激活的大脑区域，本实验和实验4均发现左侧楔前叶（Precuneus）和额叶区域的额中回（Middle Frontal Gyrus）有强烈的激活，不同在于实验4还发现了枕叶的楔叶和舌回区域的激活。

本实验与实验4的结果存在差异，存在两种可能解释。一种可能解释为，实验4和本实验中由拥挤刺激激活的脑区存在差异可能源于实验技术本身的限制，实验4是通过对EEG信号进行溯源分析以确定大脑激活区域，溯源分析技术本身存在一定误差（Grech et al., 2008；Hassan & Wendling, 2018），而楔叶、舌回与楔前叶在结构上为相邻区域，因此可能实验4中的溯源脑区结果不够精准。本实验采用高空间分辨率的fMRI技术考察激活脑区，因此我们认为识别拥挤刺激时激活的脑区应该为顶叶区域的楔前叶。另一种解释可能与两项实验采用的研究范式不同有关。实验4采用视觉和听觉跨通路范式有关。本实验和实验4均通过比较注意条件（注意并识别目标刺激）与非注意条件（忽略目标刺激、识别信号刺激）下的刺激加工来确定识别拥挤或非拥挤目标刺激的神经基础。在实验4的跨通路研究范式中，非注意条件下（不注意视觉拥挤刺激、注意听觉信号）需要被试将注意力完全集中于要求注意的听觉通道，导致非注意的视觉通道刺激不能被分配认知资源，不能获得早期视觉加工，从而未能激活视觉枕叶区，因此实验4中被注意的拥挤/非拥挤刺激相较于未注意的拥挤/非拥挤刺激能够激活强烈的枕叶活动。本实验采用视觉单通路选择性注意范式，无论是注意还是非注意条件，被试均更容易将注意分配至所有呈现的视觉刺激，从而可能导致注意与非注意条件的拥挤/非拥挤刺激获得了相似程度的早期视觉加工，因此在枕叶区域未观察到显著的激活差异。

本实验发现，与非注意条件相比，注意拥挤刺激与非拥挤刺激均能够诱发顶叶区域的楔前叶脑区活动。前人研究表明，楔前叶参与多种高级认知加工，如负责在没有眼球运动情况下的注意转移（Beauchamp, Petit, Ellmore, Ingeholm & Haxby, 2001；Gitelman et al., 1999）、参与意识加工（Cavanna, 2007；Cavanna & Trimble, 2006；Maquet et al., 1999）、处理构建语义丰富的刺激（Binder, Desai, Graves & Conant, 2009；Rabini, Ubaldi & Fairhall, 2021）、加工多特征联合任务（Kochan et al., 2011）以及特征绑定与整合（Baumgartner et al., 2013；Reeder, Hanke & Pollmann, 2017）等。在本研究中，注意条件下被试需要辨别汉字刺激，而非注意条件不需要辨别汉字刺激，因此注意条件下诱发的更强烈的楔前叶活动，可能与被试有意识地构建汉字刺激的语义信息有关（Binder et al., 2009；Rabini et al., 2021）。结合实验3语义启动研究结果和本实验的结果，表明无论是拥挤还是非拥挤的汉字刺激，被试均能够构建其语义信息。

本实验还发现，注意条件下识别非拥挤刺激还能够激活更强的额中回脑部活动，而识别拥挤刺激不能够激活额中回区域，该结果与实验4的结果一致。大量研究表明，额叶的激活与刺激获得意识加工关系密切（Bisenius, Trapp, Neumann & Schroeter, 2015；Carter, O'Doherty, Seymour, Koch & Dolan, 2006；Crone et al., 2014；Dehaene et al., 2006；Naghavi & Nyberg, 2005）。本实验被注意的非拥挤刺激能够被有意识的识别报告、能诱发显著的额中回活动，拥挤刺激不能被识别报告、不能诱发显著的额中回脑部活动，与前人关于额叶与意识加工关系密切的观点一致。因此，本实验验证了实验4的研究结论，表明被拥挤的刺激不能进入意识加工，从而不能被报告。

五、结论

本实验验证了实验4的研究结果，发现识别拥挤与非拥挤刺激均能够诱发顶叶区楔前叶活动，且识别非拥挤刺激还能够激活额叶区额中回脑部活动。顶叶楔前叶与被试有意识地构建汉字刺激的语义信息有关，额叶额中回区域与意识加工有关。综合实验3、实验4、实验5以及本实验结果，表明被拥挤刺激的特征能够获得有效知觉整合，不能被报告是因为被拥挤刺激受到干扰刺激的抑制，导致不能被有意识获取，从而不能被有效报告。

第四章　注意对视觉拥挤效应的调控

一、引言

注意和拥挤之间的关系是最近几项研究的焦点。一种观点认为，拥挤是自下而上和前注意过程，该观点源于认为拥挤发生在低水平的视觉加工阶段。早期观点认为，周围的干扰刺激诱发的神经活动会抑制目标刺激诱发的神经活动，发生了侧抑制（Westheimer & Hauske, 1975）。另一种基于空间整合的观点认为，目标和干扰刺激的特征被整合强制平均（Parkes et al., 2001）或整合成一个混乱的知觉客体（Levi, 2008；Pelli & Tillman, 2008）。与前注意观点一致，Põder的研究证实了刺激突显性（如不同颜色）在视觉特征绑定中起重要作用（Põder, 2006；2007），这种自下而上的特征决定了拥挤的程度。Dakin等人指出，视觉特征拥挤并不反映注意的界限，拥挤和注意依赖于不同的神经机制（Dakin et al., 2009）。具体来说，即使人们完全没有意识到干扰刺激，拥挤仍然存在，表明意识知觉和注意力不是拥挤产生的先决条件（Ho & Cheung, 2011）。Yong等人进一步研究了后皮层萎缩（PCA）患者为什么在中央视野也产生了拥挤，提出PCA患者的拥挤现象可以看作一种前注意加工，是采用强制平均方式对字母特征位置信息的病理性噪音表征进行调整的过程（Yong et al., 2014）。

另一种观点认为拥挤是自上而下的注意过程，认为拥挤发生在更高级的加工过程中。尽管可以感知到被拥挤的目标刺激，但外周视野的注意分辨率较低，限制了拥挤刺激进入意识层面（He et al., 1996；He, Cavanagh & Intriligator, 1997）。概率替代模型假定拥挤是由于目标刺激和干扰刺激的特征被绑定到错误的空间位置造成的（Ester, Klee & Awh, 2014；Ester, Zilber & Serences, 2015），这一观点得到了几项研究的支持。注意通过提高空间分辨率来改善对外周位置信息的加工（Yeshurun & Carrasco, 1998），注意能够减小目标—干扰临界距离，使干扰刺激不再对目标识别产生干扰（Yeshurun & Rashal, 2010）。而且，注意可以直接指向各种干扰刺激。一项研究表明，被注意的干扰刺激会产生典型的侧翼干扰，而被忽略的干扰刺激不会抑制对目标刺激的识别（Freeman, Sagi & Driver, 2001）。注意调节目标与干扰刺激的整合，而不仅仅是影响对干扰刺激的加工（Freeman, Driver, Sagi & Li, 2003）。然而，早期视觉加工中，注意对轮廓整合机制的强烈而特异的调节对线条结构非常敏感（Freeman, Sagi & Driver, 2004），因此，注意刺激能够增加拥挤过程中联合刺激特征的权重（Mareschal et al., 2010）。

电生理学研究表明，注意在拥挤中起着关键作用。例如，与注意相关的N2pc成分的证据表明，中等目标—干扰间距下，注意能够使干扰刺激对目标刺激的干扰减小（Bacigalupo & Luck, 2015；Hilimire, Mounts, Parks & Corballis, 2009, 2010）。对SPCN（sustained posterior contralateral negativity）成分的研究表明，在较小的目标—干扰间距下，当注意未能选择目标时，工作记忆可能被激活（Bacigalupo & Luck, 2015）。在拥挤条件下，目标刺激诱发的V1皮层区的ERP早期成分C1会受到抑制，但拥挤刺激未被注意时，C1不会受到抑制，表明依赖于注意的V1抑制在早期视觉加工阶段便促进了拥挤的产生（J. Chen et al., 2014）。Chicherov等人认为P1成分反应对刺激基本特征（如干扰刺激的长度）的加工，N1抑制表明拥挤产生于目标与干扰刺激被整合为整体的过程（Chicherov, Plomp & Herzog, 2014）。

第三种观点认为，拥挤是自下而上和自上而下过程的结合，即拥挤是自动发生的，但受注意调节。该观点源于拥挤的格式塔组织假说，越来越多的证据表明，格式塔知觉组织对拥挤的产生非常重要（Malania, Herzog & Westheimer, 2007；Saarela, Sayim, Westheimer & Herzog, 2009；Sayim,

Westheimer & Herzog, 2010）。这些结果均支持假设“当干扰与目标刺激被组织整合时，拥挤效应很强，当干扰与目标刺激分离时，拥挤效应则较弱”（Herzog & Manassi, 2015；Herzog, Sayim, Chicherov & Manassi, 2015；Manassi, Sayim & Herzog, 2012）。有研究者提出皮层神经网络模型，该模型采用知觉组织和新异分离加工来解释视觉拥挤的几个特性，如干扰长度效应、干扰线条的数量效应、格式塔效应、非拥挤效应和相似性效应（Francis, Manassi & Herzog, 2017）。尽管格式塔组织与注意之间的关系已被广泛研究，但值得注意的是，格式塔组织是自动发生的，因此，与任务无关的视觉刺激可以在没有注意参与的情况下被知觉组织（Lamy, Segal & Ruderman, 2006；Russell & Driver, 2005），通过知觉组织形成的视觉客体表征也可以发生于有意注意的焦点之外（M ü ller et al., 2010）。电生理学证据也表明格式塔完形刺激能够自动捕获注意（Marini & Marzi, 2016）。但也有研究表明，格式塔知觉组织受注意调节。例如，当刺激呈现100毫秒后，知觉组织过程就开始受任务相关性和注意的调节（Han, Jiang, Mao, Humphreys & Qin, 2005），这种注意和知觉组织之间的相互作用早在初级视觉皮层加工中就发生了（Khoe, Freeman, Woldorff & Mangun, 2006；Wu, Chen & Han, 2005）。

因此，注意和拥挤的关系尚待进一步研究阐明。首先，需要更多的证据来证明拥挤是否会自动发生。行为研究表明拥挤独立于注意（Dakin et al., 2009），是自动发生的（Ho & Cheung, 2011；Yong et al., 2014）。然而，一些研究强调注意在拥挤中起着关键作用，拥挤不会完全自动产生（Francis et al., 2017；Herzog & Manassi, 2015）。当被试识别被拥挤的目标刺激时，N1成分被抑制（Chicherov et al., 2014；Ronconi, Bertoni & Bellacosa Marotti, 2016），但目前尚无研究考察拥挤目标刺激未被注意时，N1成分是否被抑制。其次，需要提供更多的直接证据来证明注意对拥挤的调节。Chicherov等人的研究发现，与辨别干扰刺激长度任务相比，识别被拥挤的Vernier刺激时会产生更强的N1抑制效应（Chicherov et al., 2014）。但在该研究中，目标Vernier和干扰刺激的距离非常近，尤其是拥挤条件，因此Vernier刺激可能受到一定程度的注意，导致长度识别任务中也可能产生了N1抑制。在理想情况下，我们有必要比较注意和非注意条件下被拥挤目标刺激所诱发的N1抑制。

本研究重复实验4的过程，结合拥挤范式（Peng, Zhang, Chen & Zhang,

2013；Yeh, He & Cavanagh, 2012；Zhou, Lee & Yeh, 2016）与跨通道延迟反应Oddball范式（Y. Chen, Huang, Luo, Peng & Liu, 2010；Wei et al., 2002），探讨拥挤与注意的时间动态关系。通道内选择性注意范式可以有效地操纵注意（Alho, 1992；Woods, Alho & Algazi, 1992）。跨通道延迟反应范式可以有效地控制注意并使目标效应最小化（Wei et al., 2002），在该范式中，多个听觉和视觉刺激被依次呈现，在要求注意的视觉刺激（如拥挤或不拥挤的目标刺激）呈现后，紧接着呈现0个、1个或者2个要求忽略的听觉刺激（如纯音）和一个反应信号，对视觉与听觉刺激的注意状态可以进行组间平衡，即听觉刺激为注意刺激，拥挤或不拥挤的视觉目标刺激为非注意刺激。要求被试识别要求注意的刺激，忽略不要求注意的刺激，并在反应信号出现后做出相应的反应。

根据前人研究，假定拥挤效应可以用N1抑制来标识（Chicherov et al., 2014；Ronconi et al., 2016），那么关于拥挤与注意的关系可以提出三个预期，即如果拥挤是自下而上的前注意加工，那么当不要求注意目标刺激时，被拥挤的目标刺激诱发的N1将被抑制；如果拥挤是自上而下的注意加工，那么注意的拥挤刺激将比非注意的拥挤刺激产生更强的N1抑制效应；如果拥挤是自下而上和自上而下加工过程的结合，那么将同时观测到上述两种预期。

同时，本研究还对P2成分进行测量分析，比较注意和非注意条件下拥挤刺激与非拥挤刺激诱发的P2幅值的差异，以及注意对拥挤减去非拥挤刺激的P2幅值差的调节，以进一步验证实验4的研究结果。

二、方法

（一）被试

18名在校大学生（年龄为19~24岁）参加了本次实验，其中1名被试由于眼动等伪迹太多而被剔除。所有被试无药物成瘾史，没有任何中枢神经系统异常或损伤。所有被试在本次实验之前均未参加过同类实验，并对本次实验目的不了解。研究得到西南大学机构审查委员会的批准，实验之前，被试均签署了知情同意书。实验按照《赫尔辛基宣言》进行（世界医学协会，2013年）。

（二）实验材料与程序

实验采用材料与研究程序与实验4相同，同样采用视觉汉字和听觉声音作为实验材料，采用跨通道延迟反应Oddball范式作为研究程序，探讨注意与拥挤的关系。

（三）电生理记录

采用根据国际10–20系统扩展的64导电极帽记录连续脑电信号。以单侧（左侧）乳突为参考电极，前额接地，以双眼外侧约1.5cm处安置电极记录水平眼电，左眼上下安置电极记录垂直眼电。采用AC采集，滤波带通为0.05~100Hz，采样频率为500Hz/导，所有电极与头皮间的阻抗均小于5kΩ。

（四）EEG分析

采用EEGLAB（Delorme & Makeig, 2004）和MATLAB（The MathWorks, Inc., Massachusetts, United States）对脑电数据进行分析。对连续记录的脑电数据进行离线分析时，将单侧乳突参考转换成双侧乳突参考，并进行40Hz低通滤波。对目标刺激串呈现前100ms至刺激出现后600ms时间段内的数据进行分析，其中刺激前100ms作为基线。所有实验试次数据均进入分析。

采用两步程序法对眼动伪迹进行处理（Luck, 2005；Woodman & Luck, 2003）。第一步，对同一epoch中每个采样点前后100ms时段内的平均幅值进行计算，统计平均值，然后计算相邻两个采样时段内平均值的差，最后将最大差值与阈值进行比较，以确定删除实验试次数据的标准。每个被试的阈值通过对被试的单个试次波形图的目测来确定。采用该阈值法，所有清晰可见的伪迹都可以准确去掉，同时不会错误地去掉大量无伪迹的试次数据。

如果被试超过25%的试次均发生了眼动，那么该被试的所有数据将被删除（Woodman & Luck, 2003）。1名被试有46.8%的试次存在伪迹，因此该被试数据不计入统计分析。剩下的17名被试被删除的试次平均值为11.4%（范围从1.9%到21.4%不等）。

第二步，计算左、右目标刺激诱发的水平眼动波幅平均值，以评估水平眼动情况。结果表明，左、右目标试次诱发的水平眼动平均幅值小于2.7 mV，对应的眼球运动小于0.2°（Lins et al., 1993；Zhang & Luck, 2009），表明本研究中，被试能够在整个任务过程中保持对中心注视点的注视。

注意与非注意条件下的拥挤、非拥挤目标刺激均诱发了P1（峰值在90ms左右）、N1（约160ms）和P2（约230ms）成分。如图4-2所示，首先分别测量每个实验条件下总平均ERP成分的峰潜时，然后以峰潜时为中点，计算其前后40ms时间窗内的平均幅值，以此作为各实验条件下ERP成分的幅值（Näätänen, Syssoeva & Takegata, 2004）。

分析兴趣区（ROIs）主要根据前人研究以及本研究中的P1.N1.P2的地形图、拥挤与非拥挤条件差异波的地形图选取。先前的研究揭示枕叶在拥挤中起重要作用（J. Chen et al., 2014；Chicherov et al., 2014）。P1.N1和P2主要分布在额叶、顶叶和枕叶（图4-3）。如图4-4所示，与前人研究一致，本研究发现枕叶的正波会伴随额叶的负波出现（Clark & Hillyard, 1996；Flevaris, Martínez & Hillyard, 2013）。因此，额叶和枕叶区域电极被选作ROIs区。前额叶选取F1.F2.F3.F4.F5.F6和Fz电极点的ERP波幅平均值，枕叶选取O1.O2.Oz、PO7、PO8、P7和P8电极点的ERP波幅平均值进行分析（Zhang & Luck, 2009）。

采用事前比较对假设进行检验。为了评估拥挤是否自动发生，对每个ERP成分（P1, N1, P2）进行配对样本t检验。对额叶和枕叶ERP成分的平均幅值进行考察，以确定拥挤和非拥挤条件下幅值是否相等（每个成分进行四项统计检验）。为了获得0.95的置信水平，采用Bonferroni校正对每个个体的置信区间0.9875进行矫正，对应的显著性水平为0.05/4 = 0.0125（Armstrong, 2014）。

为了评估注意是否调节拥挤，分别将注意和非注意条件下拥挤ERP成分波幅减去非拥挤ERP成分波幅，然后对每个ERP成分的差异波幅值进行配对样本t检验，以检验注意和非注意条件下的差异波是否相等。额叶和枕叶区域的差异波分别进行配对t检验（每个ERP成分需要做两次检验），因此采用的显著性水平为0.05/2 = 0.025，Cohen’s d用于估计t检验的效应量大小。

三、结果

（一）行为结果

分别计算每个被试在拥挤、非拥挤和听觉三个条件下的正确率（图4–1），然后进行单因素重复测量方差分析（ANOVA），结果表明条件的主效应显著[$F(2,32) = 23.853, p < 0.001$，$\eta_p^2 = 0.599$]。拥挤条件下（39%~79%）的正确率显著低于非拥挤条件的正确率（53%~96%）[$t(16) = -7.396$，$p < 0.001$，Cohen’s $d = -1.794$]。而非拥挤条件与听觉条件（58% ~ 98%）的准确率差异不显著[$t(16) = -0.144, p > 0.05$, Cohen’s $d = 0.035$]。本研究结果表明，拥挤显著降低了被试对目标刺激的识别能力，而非拥挤条件下对目标刺激的识别难度几乎与听觉条件下的识别难度相同。

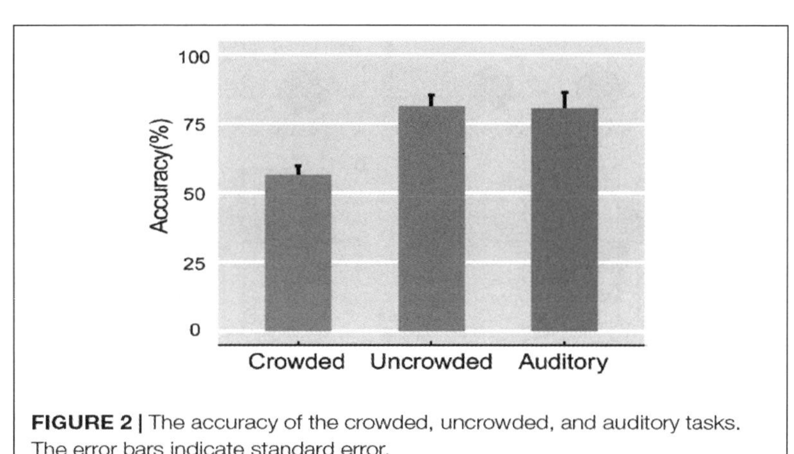

FIGURE 2 | The accuracy of the crowded, uncrowded, and auditory tasks. The error bars indicate standard error.

图4–1　拥挤、非拥挤和听觉任务的准确率（误差条表示标准误差）

（二）脑电数据

图4-2、4-3为拥挤和非拥挤目标刺激在注意和非注意条件下诱发的ERP波形。在N1—P2阶段，拥挤与非拥挤目标刺激之间出现了明显的分离（图4-3）。图4-4A为注意和非注意条件下，拥挤刺激诱发的ERPs减去非拥挤ERPs的差异波。图4-4B为P1.N1和P2阶段，注意和非注意条件下拥挤减去非拥挤差波的地形图。在N1和P2阶段，与非注意条件下的差异波相比，注意条件的差异波在额叶区更负，在枕叶区则更正（图4-4）。

事前比较表明，注意条件[$t(16) = 3.132, p < 0.01$，Cohen's $d = 0.760$]和非注意条件 [$t(16) = 4.094, p < 0.01$, Cohen's $d = 0.993$]下，拥挤目标刺激比非拥挤目标刺激在前额叶区域诱发的P1成分更正。但注意、非注意条件下拥挤与非拥挤刺激在枕叶皮层诱发的P1均不存在显著差异（p–值 > 0.05；图4-5A）。

枕叶和额叶区域，注意和非注意条件下的P1差异波幅值（拥挤-非拥挤）不存在显著差异（p–值 > 0.05）。

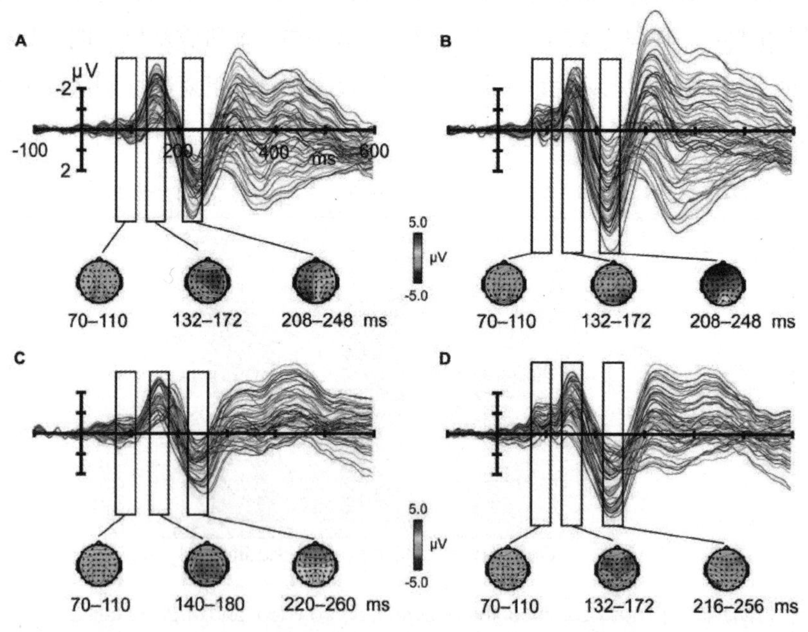

图4-2　事件相关电位总平均蝶形图和地形图

注：注意条件：（A）拥挤、（B）非拥挤；非注意条件：（C）拥挤、（D）非拥挤条件

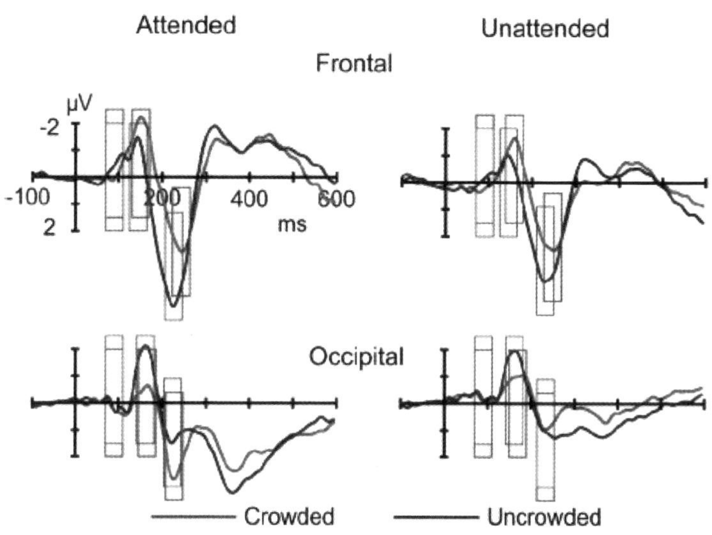

图4-3　注意和非注意条件下拥挤与非拥挤目标刺激诱发的脑电总平均图，拥挤和非拥挤条件下的分析窗口分别用紫红色和蓝色矩形标记

拥挤目标刺激在注意[t(16) = −4.829, p < 0.001, Cohen's d = −1.171]和非注意条件[t(16) = −2.980, p < 0.01, Cohen's d = −0.723]下诱发的前额叶N1比非拥挤目标刺激诱发的N1更大。而枕叶区，注意[t(16) = 5.519, p < 0.001, Cohen's d = 1.251]和非注意条件[t(16) = 3.394, p < 0.01, Cohen's d = 0.823]下拥挤目标刺激比非拥挤目标刺激诱发的N1更小（图4–5B）。

对N1阶段的差异波进行分析发现，注意条件下（−1.289 ± 0.267μV）诱发的前额叶差异波比非注意条件下（−0.516 ± 0.173μV）的差异波更负[t(16) = −2.852, p < 0.025, Cohen's d = −0.692]。而枕叶区域的差异波在注意条件下（1.410 ± 0.273μV）比非注意条件下（0.804 ± 0.237μV）更正[t(16) = 2.665, p < 0.025, Cohen's d = 0.646]。

在前额叶，注意条件下[t(16) = −3.706, p < 0.01, Cohen's d = −0.899]和非注意条件[t(16) = −3，461, p < 0.01, Cohen's d = −0.839]，拥挤刺激均比非拥挤刺激诱发更小的P2。在枕叶，注意条件下拥挤刺激诱发的P2显著大于非拥挤刺激诱发的P2 [t(16) = 3.701, p < 0.01, Cohen's d = 0.898]，而非注意条件下拥挤与非拥挤刺激诱发的P2则无显著差异（p > 0.05；图4–5C）。

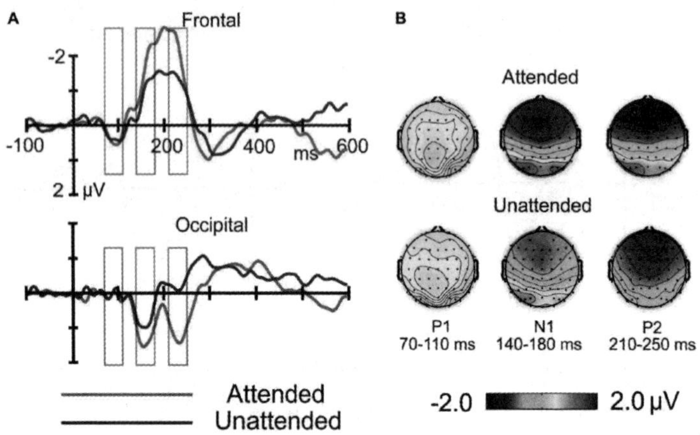

图4-4 注意和非注意条件下，拥挤-非拥挤条件差异波（A）和地形图（B）

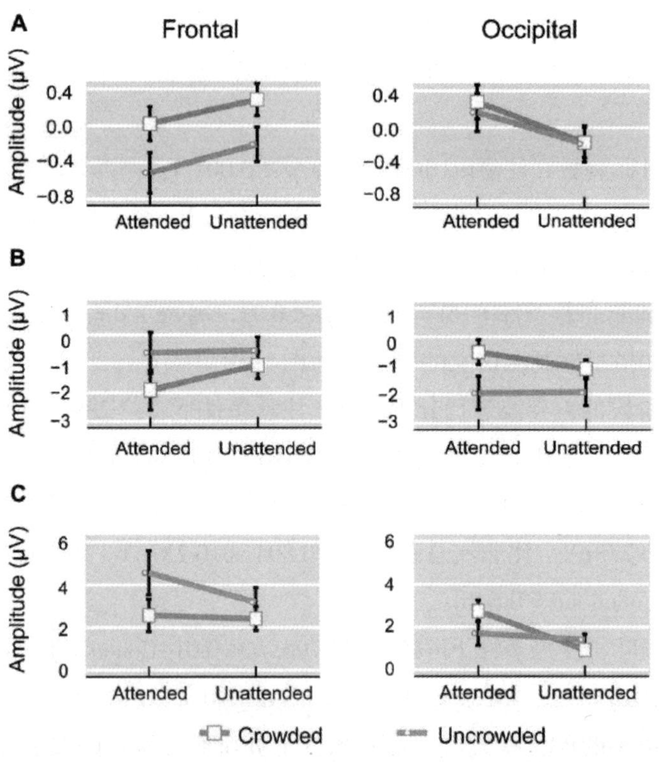

图4-5 注意和非注意条件下在额叶和枕叶诱发的P1（A）、N1（B）和P2（C）成分（误差条表示标准误差）

对P2阶段的差异波分析表明，在前额叶区，注意条件下的差异波（$-1.996 \pm 0.539\mu V$）显著负于非注意条件下的差异波（$-0.765 \pm 0.221\mu V$）[$t(16) = -2.829$, $p < 0.025$, Cohen's $d = -0.686$]，而枕叶区注意条件诱发的差异波（$1.038 \pm 0.280\mu V$）显著比非注意条件下的差异波（$-0.473 \pm 0.240\mu V$）更正[$t(16) = 5.255$, $p < 0.001$, Cohen's $d = 1.275$]。

四、讨论

本研究结合选择性注意范式与拥挤范式，考察了注意与拥挤的关系。与前人研究一致（Pelli et al., 2004；Peng et al., 2013；Yeh et al., 2012），识别拥挤目标的能力显著弱于非拥挤目标刺激（图4–1）。本研究还重复了拥挤任务中的N1抑制效应（Chicherov et al., 2014；Ronconi et al., 2016）。本研究结果表明，拥挤是自动发生的，同时也受注意的调节。

我们发现，无论是否被注意，拥挤刺激都比非拥挤刺激诱发更大的P1成分。前人研究表明，P1波反应对低水平刺激特征的早期视觉加工，如亮度、强度、离心率和大小等（Busch, Debener, Kranczioch, Engel & Herrmann, 2004；Johannes, Münte, Heinze & Mangun, 1995；Schadow et al., 2007）。Chicherov等以Vernier为实验刺激的研究发现，Vernier干扰刺激的长度与P1幅值呈显著正相关。本研究结果支持前人研究结果，发现P1反映了对刺激特征的早期、低水平视觉加工（Chicherov et al., 2014）。

本研究发现额中叶或枕叶的N1最大（图4–2），这与之前的研究一致，即后部N150分布于枕顶区，前部N155分布在额中央区（Di Russo, Martinez, Sereno, Pitzalis & Hillyard, 2002）。后部N1成分通常伴随着一个较小的极性相反的前部成分（Clark & Hillyard, 1996）。其中一部分可能是由于容积传递导致的（Herzog & Manassi, 2015）。然而，整个额部的N1不可能完全由来自枕叶的容积传递导致，而是一个小的正成分和一个负成分N155叠加而形成，因此本研究没有观察到极性相反的前部N1成分。这与Luck等的观点一致，即ERP成分可能是潜在的复杂神经现象的结果，很难被研究（Luck, 2014），只有一件事是可以确定的，即枕叶和额叶ERP成分的时程（Luck, 2014）。

此外，本研究发现，不管是否被注意，拥挤目标刺激均比非拥挤目标刺激诱发了更大的额叶N1和更小的枕叶N1（图4–3）。该结果与前人关于拥挤抑制枕叶N1成分的研究结果一致（Chicherov et al., 2014；Ronconi et al., 2016），支持前人的观点，即无论刺激是否被注意，拥挤与V1皮层抑制均有关（Millin, Arman, Chung & Tjan, 2014）。这些结果与拥挤效应是自下而上的前注意加工观点一致。此外，本研究还发现，当目标刺激被注意时，拥挤与非拥挤目标刺激诱发的N1阶段的差异波在额叶区域更负，而在枕叶区更正（图4–4、图4–5），该研究结果与拥挤效应是自上而下的注意加工的预期一致。因此，本研究提供了电生理学证据，表明拥挤是自动发生的，同时也受注意的调节。侧抑制和空间融合假设提出拥挤是自动发生的（Parkes et al., 2001；Westheimer & Hauske, 1975），注意分辨率假设认为拥挤受注意调节（He et al., 1996；1997），这些假设均不能完全预测注意与拥挤的关系。格式塔知觉组织假设预期拥挤是自下而上（Marini & Marzi, 2016；Müller et al., 2010）和自上而下（Khoe et al., 2006；Wu et al., 2005）的加工过程，本研究结果与格式塔组织假说的观点一致。

与实验4结果相似，本研究同样观察到，无论是否注意刺激，被拥挤的目标刺激（与非拥挤的目标相比）均诱发更负的额叶P2，而枕叶区只有被注意的拥挤刺激才诱发更正的P2（图4–3）。本研究同时还发现，对P2阶段的拥挤刺激减去非拥挤刺激诱发的脑电成分差异波幅值进行分析表明，与非注意条件相比，注意条件下诱发的前额叶差异波更负，枕叶的差异波则更正（图4–4和4–5）。同时，N1和P2阶段差异波的地形图也相似（图4–4B）。这些结果表明，P2成分与N1成分类似，其幅值均受注意的调节，支持格式塔组织假说的观点。

目标刺激呈现时间的影响值得进一步考虑。本研究目标刺激呈现时间为1s，与之前的研究过程一致（Peng et al., 2013）。目标刺激的出现和撤销均会引起相应的神经活动（Baltzell & Billings, 2014）。采用长时呈现可以避免刺激撤销诱发的神经活动与本研究要考察的认知过程的神经活动重叠。然而，随着呈现时间的延长，视觉刺激可能引起更多的眼动。本研究采用两步程序剔除眼动伪迹（Luck, 2005；Woodman & Luck, 2003），发现剩余的平均眼动小于0.2°。因此，本研究排除了眼动对ERP数据的影响。此外，较长的呈现时间可能会导致目标刺激被意识加工。跨通道延迟反应Oddball范式已被证明能有效地控制注意；P300成分是工作记忆和意识知觉的指标（Salti, Bar-Haim & Lamy, 2012），仅在注意条件下被观察到（Wei et al., 2002），这表明Wei等人（2002）的范式可以排除非注意条件下P300阶段前和阶段内意识的参与。本研究主要关注P1（峰值约90 ms）、N1（约160 ms）和P2（约230 ms）成分，这些成分早于P300，因此这些成分在非注意条件下不受意识的影响。虽然我们不能排除非注意条件下意识可能会参与P300阶段后的加工，但这并不影响本研究对P1.N1和P2成分研究结果的解释。

最后，检查本研究所使用的分析方法，以确定它们是否会影响当前研究结论。两步程序法被用于剔除眼动伪迹（Luck, 2005；Woodman & Luck, 2003）。前人一项探讨视觉拥挤神经基础的研究也采用了该方法（Chicherov et al., 2014）。另一项关于拥挤的神经振荡基础的研究采用独立成分分析（ICA）来检测和剔除眼动伪迹，并删除电压幅值超过±75μV的脑电波段（Ronconi et al., 2016）。据我们所知，目前还没有研究比较上述两种方法在剔除眼动时是否等效。此外，本研究使用了事前比较，而没采用方差分析，是基于本研究特定的假设，即认为拥挤是自动发生的，并受注意调节。有必要确定是否可以使用方差分析得到相似的统计结果。为了解决这些问题，我们使用ICA和方差分析进行了补充分析。连续的脑电图数据以2.5节脑电图分析中描述的相同方式被重新引用、过滤和分割。然后采用±75μV ICA标准去除眼伪影，获得类似的ERP波形。进一步对P1.N1和P2波的振幅进行重复测量方差分析。该分析得出了类似的统计结果（补充结果）。因此，在目前的研究中得出的结论似乎不受所使用的分析方法的影响。有必要采用ANOVA统计方法对数据进行分析，以确定是否可以获得相似的统计结果，因此我们采用ICA和ANOVA对数据进行了补充分析。对连续EEG数据进行重参考、滤波和分段，方法与论文2.5部分一致。然后根据±75μV ICA标准，删除眼动数据±75μV以外的EEG数据段。分析结果与本研究的结果相似，对P1.N1和P2波幅值进行ANOVA重复测量方差分析的统计结果也与当前统计结果一致。因此，本研究结论不受统计方法的影响。

五、结论

本研究采用“跨通道延迟反应”Oddball范式考察拥挤和注意之间的关系，研究结果表明，无论刺激是否被注意，均会产生与拥挤刺激相关的神经活动，而且注意会调节N1和P2阶段的神经活动。以上结果表明拥挤能够自动发生，并受注意调节。本研究结果与前人关于格式塔组织假说一致，支持“拥挤可能源于自下而上（Marini & Marzi, 2016；Müller et al., 2010）和自上而下（Khoe et al., 2006；Wu et al., 2005）加工过程”的观点。

第五章　总　论

第一节　讨论

被拥挤的刺激如何被加工，能够加工到何种程度，是拥挤效应研究者们关注的核心问题。研究者采用各种各样的研究范式和手段，得出了不同的研究结果。本研究在前人研究的基础上，采用六项实验对被拥挤刺激的心理加工过程及其机制进行了探讨。

一、视觉拥挤刺激的特征检测

被干扰刺激拥挤的目标刺激的单个特征是否被准确加工？

该问题是特征加工机制成立的基础。当前特征加工机制均认为特征能够被准确检测加工，其支持性证据主要源于两方面：首先是行为研究，拥挤效应只出现在辨别任务中，检测任务中不存在拥挤效应，被试能够正确检测被干扰刺激拥挤的目标刺激是否呈现（He et al., 1996；Livne & Sagi, 2007；

Pelli et al., 2004），能够知觉但不能报告目标刺激的朝向（He et al., 1996; Parkes et al., 2001）。其次是fMRI研究，发现拥挤条件和非拥挤条件下初级视觉皮层上的血氧依赖水平几乎不存在显著差异，而在较晚视觉皮层（V4皮层）存在显著差异，表明刺激特征在初级视觉皮层被准确加工（Arman et al., 2006；Bi et al., 2009）。基于以上两方面的内容，研究者提出目标刺激的特征被准确检测加工，可能在特征检测之后的特征整合阶段发生拥挤效应。

然而，最近几项研究对"特征被准确加工"观点提出了质疑。首先，在行为研究方面，Põder（2008）发现，当采用较小的光栅刺激作为实验材料时（如被试识别刺激的正确率恰好达到95%时的刺激），检测任务中也同样存在拥挤效应。Blake, Tadin和Sobel等人（2006）发现，被拥挤的低比度光栅刺激不能产生适应效应。以上两项结果均表明刺激的特征未得到加工。采用功能性磁共振（fMRI）技术的神经生理学研究也存在一定问题。fMRI的空间、时间分辨率能够分别达到毫米和秒，但对于研究拥挤效应，其空间、时间分辨率稍显不足。已有fMRI研究均发现，拥挤效应不发生在初级视觉皮层上（Arman et al., 2006；Bi et al., 2009；Liu, Jiang, Sun & He, 2009），因此认为被拥挤刺激的特征能够获得准确的检测加工。然而，初级视觉皮层上刺激诱发的神经活动具有一定的空间扩散性（spatial spread）（Meirovithz et al., 2010），表明当前研究没有检测到V1视觉皮层上的活动存在拥挤效应，有可能是由于神经活动的空间扩散性引起的混淆，导致研究者未检测到显著的差异。

因此，被拥挤刺激的多个特征是否均能得到准确加工，仅从基于"检测任务中不存在拥挤效应"的行为研究以及"初级视觉皮层的血氧依赖水平不存在拥挤效应"的fMRI研究得出结论显然不是完全可靠的。根据拓扑知觉理论，个体能够检测刺激是否呈现，很可能只是基于刺激的拓扑性质（有或无刺激）作出的判断，而刺激的特征信息并未得到充分加工（朱滢，2005），而fMRI在时间、空间分辨率上的限制也不能为特征的准确加工提供有力的证据。

在本研究一的实验3中，我们发现，当含有多个特征的汉字刺激被长时间呈现时，能够诱发显著的N400成分，表明刺激能够被正确识别加工，这似乎可以为"刺激的多个特征能够被准确加工"提供证据。然而，先前有研究者采用高度模糊的残缺汉字刺激作为实验材料，发现虽然被试不能报告这些刺激，但是这些刺激的语义信息仍然能够获得加工（Wang, Huang & Mao, 2009；陆其林，2010），说明不完整的刺激也可以得到高级加工（如语义提取等）。因此，本研究中被拥挤刺激能够获得语义加工，只能作为“目标刺激的多个特征被正确加工整合为一个客体，而并未与干扰刺激的特征发生错误整合”的证据，因为刺激的特征只有被正确整合后其语义信息才能够获得提取。但是，该研究结果还不能作为“刺激特征被完整加工”的有力证据，因为正如Wang等人的研究（Wang et al., 2009），残缺不全的刺激也能够获得诸如语义之类的高级加工。这是本研究存在的一个缺陷，将来的研究还需要对该问题作进一步探讨。

二、视觉拥挤刺激的特征整合

刺激的多个特征能否被正确整合？

基于特征的各个加工机制均一致认为，拥挤效应发生在视觉加工的早期阶段，由于目标刺激与干扰刺激的特征间发生了错误结合或平均，致使目标刺激不能被正确报告。目前，大部分研究者均采用特征加工机制来解释拥挤效应（Chakravarthi & Cavanagh, 2009；Chung et al., 2001；Parkes et al., 2001；Pelli et al., 2004）。

本研究的实验2虽然没有发现被拥挤的刺激能够产生语义启动效应，但可能是由于采用的实验参数不合理导致的，比如刺激呈现在外周视野且呈现时间太短等。当研究延长刺激呈现时间，研究发现被拥挤的刺激虽然不能够被报告，但是仍然能够产生语义启动效应（实验3）。说明被拥挤刺激的多个特征能够被整合为一个正确的客体，而未与干扰刺激的特征发生错误结合。该实验结果不支持拥挤效应的特征加工机制。先前的几项行为研究也发现被拥挤的多特征刺激能够获得正确的知觉整合。例如，Faivre和Kouider（2011）的研究发现被拥挤的面孔和朝向信号被作为启动刺激时，能够促进对随后呈现的目标刺激的判断，即启动刺激与目标刺激一致时的反应显著快于启动刺激与目标刺激不一致时的反应。Huckauf等人（2008）对阿拉伯数字刺激的研究也发现，当要求被试对被拥挤的数字刺激进行大小比较，被试能够作出正确的大小判断。这些研究均表明，被拥挤的目标刺激虽然不能被看清，但并没有与干扰刺激的特征发生过度整合，而是作为一个独立的客体获得了正确的整合编码，而且这种编码是以无意识的方式进行的（Faivre & Kouider, 2011）。

三、视觉拥挤刺激的识别

能够获得正确整合的多特征刺激为什么不能够被报告？

注意假设认为，外周视野内的空间注意分辨率较差，使个体不能够将目标刺激与干扰刺激进行有效分离，导致目标刺激不能到达知觉意识层面（He et al., 1996；Intriligator & Cavanagh, 2001）。

Wallis等人（2011）通过改变对刺激的意识程度，考察了视觉意识对拥挤效应的影响，结果发现对被拥挤刺激的识别成绩与知觉到的干扰字母的数量呈显著相关，而与实际呈现的干扰字母数量无关，当干扰刺激被从视觉意识中抑制后，将不产生拥挤效应（Wallis & Bex, 2011）。该结果充分说明了视觉意识在拥挤效应中的重要作用。Whitney和Levi（2011）在研究中也明确指出了意识对拥挤效应的产生有重要影响（Whitney & Levi, 2011）。本研究实验4发现，对被拥挤刺激识别时诱发的P2成分主要分布于头皮后部，只能激活左侧枕叶区域，在额叶和顶叶区域未检测到激活，而识别非拥挤刺激诱发的P2成分主要分布于头皮前部，且能激活左侧枕叶、额叶和顶叶区域；实验5进一步表明，非拥挤的小概率刺激能够诱发显著的P3，拥挤的小概率刺激不能诱发显著的P3；实验6采用功能性磁共振技术，验证了实验4的主要结果，发现识别拥挤刺激均能够诱发顶叶区楔前叶活动，识别非拥挤刺激能够诱发楔前叶和额中回脑活动。这些实验结果表明，被拥挤的刺激不能够进入知觉意识层面（Dehaene et al., 2006；Dehaene et al., 2001），这为He等人的注意假设（He et al., 1996）提供了支持性证据。

然而，根据位置不确定假设，被拥挤刺激不能被准确报告，也可能是由于该刺激的空间位置不能够被准确获得，因此错误地将干扰刺激当作目标刺激进行报告（Huckauf & Heller, 2002；Strasburger, 2005）。按照位置不确定观点，被拥挤的目标刺激是能够被很好地识别的（Strasburger, 2005），只是不能对其空间位置进行定位。但本研究发现，被拥挤刺激诱发的N400的平均幅值显著小于非拥挤刺激诱发的N400的平均幅值（实验3），且识别被拥挤刺激时不能激活大脑前部皮层（实验4），不能诱发显著的P3（实验5），不能够激活额中回脑区（实验6），说明该刺激虽然获得了一定程度的加工，但其加工强度受到了损害，与位置不确定假设的观点是不一致的。

Intriligator和 Cavanagh（2001）在一项研究中指出，拥挤效应的产生是由于外周视野较低的分辨率导致个体无法将目标刺激与干扰刺激在空间上分离开来，而不是因为干扰刺激降低了对目标刺激的知觉质量。然而，本研究实验3发现，拥挤条件下的N400平均幅值显著小于非拥挤条件下的平均幅值。之前关于单词识别的研究发现，N400幅值的大小与对刺激的知觉强度有关。Coulson和Brang（2010）等人发现，在掩蔽启动范式中，目标词被掩蔽时诱发的N400幅值也显著小于未掩蔽时诱发的N400（Coulson & Brang, 2010；Stenberg et al., 2000）。Vogel，Luck和Shapiro（1998）等则直接考察了背景噪音对N400幅值的影响，发现给呈现的目标刺激增加不同强度的背景噪音时，随着噪音的增强，个体对目标刺激的判断准确率下降，目标词诱发的N400平均幅值也显著减小。

结合以上这些研究结果，本研究实验3发现的拥挤条件下N400幅值减小，可能与干扰刺激降低了目标刺激的知觉质量，导致刺激不可见、不能到达意识层面有关。这也能够解释为什么被拥挤的低对比度的刺激不能产生适应效应（Blake et al., 2006），而被拥挤的高对比度刺激能够产生适应效应（He et al., 1996），以及为什么目标与干扰刺激属性（如颜色、形状等）越相似，拥挤效应越强（Kooi, et al., 1994；Põder, 2007）。在拥挤效应范式中，干扰刺激很可能被看作背景噪音，而高对比度的目标刺激本身能够提供丰富的信息，这类刺激即使被干扰刺激干扰，仍然能够残留一些信息，低对比度的刺激则更容易被干扰刺激干扰而变成不可见刺激，而目标与干扰背景相似时，更难被有效分离，这就如同黑色的刺激在黑色背景中不能被知觉，而灰色刺激在黑色背景中则更容易被知觉。然而，干扰刺激降低目标刺激的知觉质量，目前还只是一个假设，将来的研究需要对该假设进行检验。

此外，个体对目标刺激的感知强度受干扰刺激的影响，该过程属于自下而上的加工。本研究在探讨注意对拥挤效应的调控研究中也证实，拥挤效应是自发产生的，是自下而上的加工过程，无论拥挤刺激是否被注意，都能够产生显著的拥挤效应。但注意可以在一定程度上调控拥挤效应的强度，表明拥挤效应产生过程中也存在一定程度的自上而下加工过程（Khoe et al., 2006；Wu et al., 2005）。因此，将来的研究可以从自上而下和自下而上两个角度探讨拥挤效应的产生条件和过程，确定拥挤效应发生条件、强弱变化的边界等，以更好地理解该效应的认知与神经机制。

第二节　结论、创新与展望

一、结论

本研究结合具有高时间分辨率的ERP技术，采用多种研究范式，系统地探讨了外周视野内被拥挤刺激的机制。根据本研究结果，可以得出以下结论。

（1）在拥挤条件下，与单特征刺激相同，具有多个特征的刺激（如汉字等）能够被知觉整合为一个正确的客体，其语义信息能够获得提取加工，并诱发显著的N400效应。

（2）对非拥挤条件下的刺激进行识别加工时能够诱发头皮前部的P2成分，能够激活包括左侧顶叶（楔前叶）和额叶（额中回）脑区，而识别拥挤条件下的刺激时则诱发头皮后部的P2成分，激活的脑区主要为左侧顶叶（楔前叶），表明被拥挤的刺激不能到达知觉意识层面。

（3）非拥挤条件下的小概率刺激能够诱发显著的P3成分，而拥挤条件下的小概率刺激不能够诱发P3成分，进一步表明被拥挤的刺激不能被个体知觉意识到。

（4）拥挤效应的产生不受意识控制，是自下而上的过程，但注意可以在一定程度上调节拥挤效应的强度。

综合前人研究以及本研究结果，对拥挤效应的机制提出如下假设：在拥挤效应中，被拥挤刺激的多个特征能够被正确整合，但干扰刺激作为背景噪音刺激，降低了个体对目标刺激的知觉可见性（即强度），可能降低了刺激整体的可见性，也可能降低了刺激的部分特征的可见性，从而导致被拥挤的目标刺激不能够到达意识层面，不能够被有意识地报告。

二、创新与展望

（一）研究创新

本研究采用ERP技术和核磁技术探讨了拥挤效应的认知机制，研究在方法和结果上展现出较好的创新性。

在方法上，已有的拥挤效应研究通常采用行为研究技术（包括心理物理法等）和功能性磁共振技术（fMRI）考察拥挤效应的机制。这些研究技术均存在一定缺陷，不能很好地探讨拥挤效应的加工过程。本研究首次采用事件相关电位技术（ERP）来探讨拥挤效应的认知机制。ERP技术具有较好的时间分辨率，而且已有大量成熟的研究范式，如Oddball范式、跨通路延迟反应实验模式等，本研究将这些范式应用于拥挤效应研究中，为拥挤效应的认知机制提供了更直接的实验证据。

在理论上，本研究发现被拥挤的多特征刺激能够被有效整合，但是不能进入知觉意识。该研究结果不支持拥挤效应的特征加工机制和位置不确定假设，但为He等人的注意假设（He et al., 1996）提供了直接的实验证据。研究还根据实验结果细化了注意假设，对干扰刺激干扰目标刺激的方式提出了进一步假设。

（二）问题与展望

对拥挤效应的认知机制进行研究，其研究结果和方法具有较广泛的应用性，比如可以应用于医学领域，用于帮助检测、治疗视觉系统有病变的病人（如斜视或散光等）；也可以应用于工业设计方面，例如帮助设计出可以高效、安全操作的多功能键操控界面；还可以应用于刑侦调查领域，如利用拥挤效应研究范式和一些相应的技术，帮助证人从复杂的场景或多个客体中辨别指证某个客体，从而获取可靠的证据。

虽然本研究对拥挤效应的产生机制进行了较为系统的研究，发现拥挤效应的产生是由于刺激不能进入知觉意识导致的，但是当前研究只是揭示了拥挤效应加工机制的冰山一角，还存在大量的问题，有待进一步的研究探讨。

首先，有关干扰刺激降低目标刺激知觉质量的推论还有待进一步的实验验证。干扰刺激的呈现是否降低了目标刺激的可见性，或者只是对其位置不能进行选择？被拥挤刺激不能被报告，是否是因为不能进入知觉意识层面？当前的研究采用ERP和fMRI技术对拥挤效应的认知机制进行了探讨，但采用的实验范式和实验材料种类（主要为汉字刺激）有限，未来的研究需要采用更多的范式和材料，记忆实验技术包括脑磁图等技术，进一步探讨拥挤效应的认知加工机制及神经基础，以回答人类大脑是如何加工外周视野内的复杂刺激的、能够加工到何种程度等系列问题。

其次，在研究内容方面，已有拥挤效应研究采用的刺激多为静态视觉刺激，如字母、朝向信号等。然而，外周视野内辨别静态刺激的空间视敏度（spatial acuity）较低，因此采用静态刺激得到的拥挤效应既源于空间视敏度的影响，也源于干扰刺激的影响，这对探讨干扰刺激如何影响目标刺激的加工存在一定的混淆。与静态刺激不同，运动刺激则在外周视野具有较好的空间视敏度，将来的研究可以考虑更多地采用运动刺激来考察拥挤效应的产生机制。此外，当前对拥挤效应的研究主要在二维场景中进行，通常采用字母或者朝向信号等刺激。然而，我们所面临的世界是立体的，视觉系统更多地处理各种复杂的三维空间信息，因此，将来研究有必要结合3D虚拟现实技术，研究自然场景中的拥挤效应，以提高研究的生态效度。

最后，在研究维度方面，已有研究主要考察空间维度的视觉拥挤效应，而研究表明时间维度上同样存在拥挤效应，并且时间和空间的拥挤效应是高度相关的（Bonneh, Sagi & Polat, 2007），但当前研究者对时间拥挤效应的关注较少，对其产生机制的探讨也很少。因此，后续研究有必要对时间维度，以及时间与空间交互的拥挤效应的认知加工机制及神经基础进行系列探讨，这将有助于我们更好地了解人类的视觉加工系统。

参考文献

Alho, K. (1992) . Selective Attention in Auditory Processing as Reflected by Event-Related Brain Potentials[J]. Psychophysiology, 29 (3) : 247-263.

Arman, A. C., Chung, S. T. L. & Tjan, B. S. (2006) . Neural correlates of letter crowding in the periphery[J]. Journal of Vision, 6 (6) : 804.

Armstrong, R. A. (2014) . When to use the Bonferroni correction[J]. Ophthalmic and Physiological Optics, 34 (5) : 502-508.

Babiloni, C., Vecchio, F., Miriello, M., Romani, G. L. & Rossini, P. M. (2006). Visuo-spatial consciousness and parieto-occipital areas: a high-resolution EEG study[J]. Cerebral Cortex, 16 (1) : 37-46.

Bacigalupo, F. & Luck, S. J. (2015) . The allocation of attention and working memory in visual crowding[J]. Journal of Cognitive Neuroscience, 27 (6) : 1180-1193.

Baltzell, L. S. & Billings, C. J. (2014) . Sensitivity of offset and onset cortical auditory evoked potentials to signals in noise[J]. Clinical Neurophysiology, 125 (2): 370-380.

Baumgartner, F., Hanke, M., Geringswald, F., Zinke, W., Speck, O. & Pollmann, S. J. N. (2013) . Evidence for feature binding in the superior parietal lobule. 68: 173-180.

Beauchamp, M. S., Petit, L., Ellmore, T. M., Ingeholm, J. & Haxby, J. V. J. N. (2001) . A parametric fMRI study of overt and covert shifts of visuospatial attention[J]. 14 (2) : 310–321.

Bex, P. J. & Dakin, S. C. (2005) . Spatial interference among moving targets[J]. Vision Research, 45 (11) : 1385–1398.

Bi, T., Cai, P., Zhou, T. & Fang, F. (2009) . The effect of crowding on orientation–selective adaptation in human early visual cortex[J]. Journal of Vision, 9 (11) , 13: 11–10.

Binder, J. R., Desai, R. H., Graves, W. W. & Conant, L. L. J. C. c. (2009) . Where is the semantic system? A critical review and meta–analysis of 120 functional neuroimaging studies. 19 (12) : 2767–2796.

Bisenius, S., Trapp, S., Neumann, J. & Schroeter, M. L. (2015) . Identifying neural correlates of visual consciousness with ALE meta–analyses[J]. Neuroimage, 122: 177–187.

Blake, R., Tadin, D., Sobel, K. V., Raissian, T. A. & Chong, S. C. (2006) . Strength of early visual adaptation depends on visual awareness[J]. Proc Natl Acad Sci U S A, 103 (12) : 4783–4788.

Bonneh, Y. S., Sagi, D. & Polat, U. (2007) . Spatial and temporal crowding in amblyopia. Vision Research, 47 (14) : 1950–1962.

Bouma, H. (1970) . Interaction effects in parafoveal letter recognition[J]. Nature, 226: 177–178.

Brett, M., Johnsrude, I. S. & Owen, A. M. (2002) . The problem of functional localization in the human brain[J]. Nature Reviews Neuroscience, 3 (3) : 243–249.

Bulakowski, P. F., Post, R. B. & Whitney, D. (2009) . Visuomotor crowding: the resolution of grasping in cluttered scenes[J]. Frontiers in Behavioral Neuroscience, 3: 938.

Busch, N. A., Debener, S., Kranczioch, C., Engel, A. K. & Herrmann, C. S. (2004) . Size matters: effects of stimulus size, duration and eccentricity on the visual gamma–band response[J]. Clinical Neurophysiology: Official Journal of the International Federation of Clinical Neurophysiology, 115 (8) : 1810–1820.

Carter, R. M., O'Doherty, J. P., Seymour, B., Koch, C. & Dolan, R. J.（2006）. Contingency awareness in human aversive conditioning involves the middle frontal gyrus[J]. Neuroimage, 29（3）: 1007–1012.

Cass, J., Bex, P., Watt, R. & Dakin, S.（2007）. Equivalent noise reveals that visual crowding is not an attentional effect[J]. Journal of Vision, 7（9）: 339a.

Cavanna, A. E.（2007）. The precuneus and consciousness[J]. CNS Spectr, 12（7）: 545–552.

Cavanna, A. E. & Trimble, M. R.（2006）. The precuneus: a review of its functional anatomy and behavioural correlates[J]. Brain, 129（Pt 3）: 564–583.

Cavinato, M., Freo, U., Ori, C., Zorzi, M. l., Tonin, P., Piccione, F. & Merico, A.（2009）. Post-acute P300 predicts recovery of consciousness from traumatic vegetative state[J]. Brain Injury, 23（12）: 973–980.

Chakravarthi, R. & Cavanagh, P.（2009）. Recovery of a crowded object by masking the flankers: determining the locus of feature integration[J]. Journal of Vision, 9（10）, 4: 1–9.

Chen, J., He, Y., Zhu, Z., Zhou, T., Peng, Y., Zhang, X. & Fang, F.（2014）. Attention-Dependent Early Cortical Suppression Contributes to Crowding[J]. Journal of Neuroscience, 34（32）: 10465–10474.

Chen, Y., Huang, X., Luo, Y., Peng, C. & Liu, C.（2010）. Differences in the neural basis of automatic auditory and visual time perception: ERP evidence from an across-modal delayed response oddball task[J]. Brain research, 1325: 100–111.

Chicherov, V., Plomp, G. & Herzog, M. H.（2014）. Neural correlates of visual crowding.[J] Neuroimage, 93: 23–31.

Chung, S. T., Levi, D. M. & Legge, G. E.（2001）. Spatial-frequency and contrast properties of crowding[J]. Vision Res, 41（14）: 1833–1850.

Chung, S. T., Li, R. W. & Levi, D. M.（2008）. Crowding between first- and second-order letters in amblyopia[J]. Vision Research, 48（6）: 788 - 798.

Chung, S. T. & Mansfield, J. S.（2009）. Contrast polarity differences reduce crowding but do not benefit reading performance in peripheral vision[J]. Vision Research, 49（23）: 2782–2789.

Clark, V. P. & Hillyard, S. A. (1996) . Spatial selective attention affects early extrastriate but not striate components of the visual evoked potential. 8 (5) : 387–402.

Coulson, S. & Brang, D. (2010) . Sentence context affects the brain response to masked words[J]. Brain & Language, 113 (3) : 149–155.

Coulson, S., Federmeier, K. D., Van Petten, C. & Kutas, M. (2005) . Right hemisphere sensitivity to word–and sentence–level context: evidence from event–related brain potentials[J]. Journal of Experimental Psychology: Learning, Memory, and Cognition, 31 (1) : 129–147.

Courchesne, E., Hillyard, S. A. & Courchesne, R. Y. (1977) . P3 waves to the discrimination of targets in homogeneous and heterogeneous stimulus sequences[J]. Psychophysiology, 14 (6) : 590–597.

Crone, J. S., Soddu, A., Höller, Y., Vanhaudenhuyse, A., Schurz, M., Bergmann, J., Kronbichler, M. (2014) . Altered network properties of the fronto–parietal network and the thalamus in impaired consciousness[J]. NeuroImage: Clinical, 4: 240–248.

Dakin, S. C., Bex, P. J., Cass, J. R. & Watt, R. J. (2009) . Dissociable effects of attention and crowding on orientation averaging[J]. Journal of Vision, 9 (11) , 28: 21–16.

Dehaene, S., Changeux, J. P., Naccache, L., Sackur, J. & Sergent, C. (2006) . Conscious, preconscious, and subliminal processing: a testable taxonomy[J]. Trends in Cognitive Sciences, 10 (5) : 204–211.

Dehaene, S., Naccache, L., Cohen, L., Bihan, D. L., Mangin, J. F., Poline, J. B. & Riviere, D. (2001) . Cerebral mechanisms of word masking and unconscious repetition priming[J]. Nature Neuroscience, 4 (7) : 752–758.

Delorme, A. & Makeig, S. (2004) . EEGLAB: an open source toolbox for analysis of single–trial EEG dynamics including independent component analysis[J]. Journal of Neuroscience Methods, 134 (1) : 9–21.

Di Russo, F., Martinez, A., Sereno, M. I., Pitzalis, S. & Hillyard, S. A. (2002) . Cortical sources of the early components of the visual evoked potential[J]. Human

Brain Mapping, 15（2）: 95–111.

Donchin, E.（1981）. Surprise!... surprise? Psychophysiology, 18（5）: 493–513.

Donchin, E. & Coles, M. G. H.（1988）. Is the P300 component a manifestation of context updating? Behavioral and brain sciences, 11（3）: 357–374.

Ester, E. F., Klee, D. & Awh, E.（2014）. Visual crowding cannot be wholly explained by feature pooling. Journal of Experimental Psychology[J]. Human Perception and Performance, 40（3）: 1022–1033.

Ester, E. F., Zilber, E. & Serences, J. T.（2015）. Substitution and pooling in visual crowding induced by similar and dissimilar distractors[J]. Journal of Vision, 15（1）: 4–4.

Faivre, N. & Kouider, S.（2011）. Multi–feature objects elicit nonconscious priming despite crowding[J]. Journal of Vision, 11（3）: 1–10.

Fang, F. & He, S.（2008）. Crowding alters the spatial distribution of attention modulation in human primary visual cortex[J]. Journal of Vision, 8（9）: 6, 1–9.

Farzin, F., Rivera, S. M. & Whitney, D.（2009）. Holistic crowding of Mooney faces[J]. Journal of Vision, 9（6）: 18, 11–15.

Federmeier, K. D., Wlotko, E. W., De Ochoa–Dewald, E. & Kutas, M.（2007）. Multiple effects of sentential constraint on word processing[J]. Brain research, 1146: 75–84.

Flevaris, A. V., Mart í nez, A. & Hillyard, S. A.（2013）. Neural substrates of perceptual integration during bistable object perception[J]. Journal of Vision, 13（13）: 17.

Flom, M. C., Heath, G. G. & Takahashi, E.（1963）. Contour Interaction and Visual Resolution: Contralateral Effects[J]. Science, 142: 979–980.

Francis, G., Manassi, M. & Herzog, M. H.（2017）. Neural dynamics of grouping and segmentation explain properties of visual crowding[J]. Psychological Review, 124（4）: 483–504.

Freeman, E., Driver, J., Sagi, D. & Li, Z.（2003）. Top–down modulation of lateral interactions in early vision: does attention affect integration of the whole or just perception of the parts? Current biology: CB, 13（11）: 985–989.

Freeman, E., Sagi, D. & Driver, J.（2001）. Lateral interactions between targets and flankers in low–level vision depend on attention to the flankers[J]. Nature Neuroscience, 4（10）: 1032–1036.

Freeman, E., Sagi, D. & Driver, J.（2004）. Configuration–specific attentional modulation of flanker– –target lateral interactions[J]. Perception, 33（2）, 181–194.

Fuchs, M., Kastner, J., Wagner, M., Hawes, S. & Ebersole, J. S.（2002）. A standardized boundary element method volume conductor model[J]. Clinical Neurophysiology, 113（5）: 702–712.

Gitelman, D. R., Nobre, A. C., Parrish, T. B., LaBar, K. S., Kim, Y.–H., Meyer, J. R. & Mesulam, M.–M. J. B.（1999）. A large–scale distributed network for covert spatial attention: further anatomical delineation based on stringent behavioural and cognitive controls. 122（6）: 1093–1106.

Goodhew, S. C., Visser, T. A., Lipp, O. V. & Dux, P. E.（2011）. Implicit semantic perception in object substitution masking[J]. Cognition, 118（1）, 133–137.

Grech, R., Cassar, T., Muscat, J., Camilleri, K. P., Fabri, S. G., Zervakis, M.,... Vanrumste, B.（2008）. Review on solving the inverse problem in EEG source analysis[J]. Journal of neuroengineering and rehabilitation, 5: 1–33.

Greenwood, J. A., Bex, P. J. & Dakin, S. C.（2009）. Positional averaging explains crowding with letter–like stimuli[J]. Proc Natl Acad Sci U S A, 106（31）: 13130–13135.

Greenwood, J. A., Bex, P. J. & Dakin, S. C.（2010）. Crowding changes appearance[J]. Current Biology, 20（6）: 496–501.

Han, S., Jiang, Y., Mao, L., Humphreys, G. W. & Qin, J.（2005）. Attentional modulation of perceptual grouping in human visual cortex: ERP studies[J]. Human Brain Mapping, 26（3）: 199–209.

Hassan, M. & Wendling, F.（2018）. Electroencephalography source connectivity: aiming for high resolution of brain networks in time and space[J]. IEEE

Signal Processing Magazine, 35（3）: 81–96.

He, S., Cavanagh, P. & Intriligator, J.（1996）. Attentional resolution and the locus of visual awareness[J]. Nature, 383（6598）: 334–337.

He, S., Cavanagh, P. & Intriligator, J.（1997）. Attentional resolution[J]. Trends Cogn Sci, 1（3）: 115–121.

Herzog, M. H. & Manassi, M.（2015）. Uncorking the bottleneck of crowding: a fresh look at object recognition[J]. Current Opinion in Behavioral Sciences, 1: 86–93.

Herzog, M. H., Sayim, B., Chicherov, V. & Manassi, M.（2015）. Crowding, grouping, and object recognition: A matter of appearance[J]. Journal of Vision, 15（6）: 1–18.

Hess, R. F., Dakin, S. C. & Kapoor, N.（2000）. The foveal 'crowding' effect: physics or physiology? [J]. Vision Research, 40（4）: 365–370.

Hilimire, M. R., Mounts, J. R. W., Parks, N. A. & Corballis, P. M.（2009）. Competitive interaction degrades target selection: an ERP study[J]. Psychophysiology, 46（5）: 1080–1089.

Hilimire, M. R., Mounts, J. R. W., Parks, N. A. & Corballis, P. M.（2010）. Event-related potentials dissociate effects of salience and space in biased competition for visual representation[J]. PLoS ONE, 5（9）.

Hillyard, S. A. & Anllo-Vento, L.（1998）. Event-related brain potentials in the study of visual selective attention[J]. Proceeding of the National Academy of Sciences of the United States of America, 95（3）: 781–787.

Ho, C. & Cheung, S.（2011）. Crowding by invisible flankers[J]. PLoS ONE, 6（12）: e28814.

Holcomb, P. J. & Grainger, J.（2007）. Exploring the temporal dynamics of visual word recognition in the masked repetition priming paradigm using event-related potentials[J]. Brain research, 1180: 39–58.

Holcomb, P. J., Reder, L., Misra, M. & Grainger, J.（2005）. The effects of prime visibility on ERP measures of masked priming[J]. Cognitive Brain Research, 24（1）: 155–172.

Huckauf, A. & Heller, D. (2002) . 45 What various kinds of errors tell us about lateral masking effects[J]. Visual Cognition, 9 (7) : 889–910.

Huckauf, A., Knops, A., Nuerk, H. C. & Willmes, K. (2008) . Semantic processing of crowded stimuli? [J]. Psychological Research, 72 (6) : 648–656.

Huckauf, A. & Nazir, T. A. (2007) . How odgcrnwi becomes crowding: stimulus–specific learning reduces crowding[J]. Journal of Vision, 7 (2) : 11–12.

Intriligator, J. & Cavanagh, P. (2001) . The spatial resolution of visual attention[J]. Cognitive psychology, 43 (3) : 171–216.

Johannes, S., M ü nte, T. F., Heinze, H. J. & Mangun, G. R. (1995) . Luminance and spatial attention effects on early visual processing[J]. Cognitive Brain Research, 2 (3) : 189–205.

Jurcak, V., Tsuzuki, D. & Dan, I. (2007) . 10/20, 10/10, and 10/5 systems revisited: their validity as relative head–surface–based positioning systems[J]. Neuroimage, 34 (4) : 1600–1611.

Khoe, W., Freeman, E., Woldorff, M. G. & Mangun, G. R. (2006) . Interactions between attention and perceptual grouping in human visual cortex[J]. Brain research, 1078 (1) : 101–111.

Kochan, N. A., Valenzuela, M., Slavin, M. J., McCraw, S., Sachdev, P. S. & Breakspear, M. (2011) . Impact of load–related neural processes on feature binding in visuospatial working memory[J]. PLoS ONE, 6 (8) : e23960.

Koivisto, M. & Revonsuo, A. (2003) . An ERP study of change detection, change blindness, and visual awareness[J]. Psychophysiology, 40 (3) : 423–429.

Kooi, F. L., Toet, A., Tripathy, S. P. & Levi, D. M. (1994) . The effect of similarity and duration on spatial interaction in peripheral vision[J]. Spat Vis, 8 (2): 255–279.

Lamy, D., Salti, M. & Bar–Haim, Y. (2009) . Neural correlates of subjective awareness and unconscious processing: an ERP study[J]. Journal of Cognitive Neuroscience, 21 (7) : 1435–1446.

Lamy, D., Segal, H. & Ruderman, L. (2006) . Grouping does not require attention[J]. Perception & Psychophysics, 68 (1) : 17–31.

Lau, E. F., Phillips, C. & Poeppel, D. (2008) . A cortical network for semantics: (de) constructing the N400[J]. Nature Reviews Neuroscience, 9 (12) : 920–933.

Lee, H. W., Legge, G. E. & Ortiz, A. (2003) . Is word recognition different in central and peripheral vision? [J]. Vision Research, 43 (26) : 2837–2846.

Levi, D. M. (2008) . Crowding––an essential bottleneck for object recognition: a mini–review[J]. Vision Research, 48 (5) : 635–654.

Levi, D. M. & Carney, T. (2009) . Crowding in peripheral vision: why bigger is better[J]. Current Biology, 19 (23) : 1988–1993.

Levi, D. M., Hariharan, S. & Klein, S. A. (2002) . Suppressive and facilitatory spatial interactions in peripheral vision: peripheral crowding is neither size invariant nor simple contrast masking[J]. Journal of Vision, 2 (2) : 167–177.

Levi, D. M., Klein, S. A. & Aitsebaomo, A. P. (1985) . Vernier acuity, crowding and cortical magnification[J]. Vision Research, 25 (7) : 963–977.

Lins, O. G., Picton, T. W., Berg, P. & Scherg, M. (1993) . Ocular artifacts in EEG and event–related potentials. I: Scalp topography[J]. Brain topography, 6 (1) : 51–63.

Liu, T., Jiang, Y., Sun, X. & He, S. (2009) . Reduction of the crowding effect in spatially adjacent but cortically remote visual stimuli[J]. Current Biology, 19 (2): 127–132.

Livne, T. & Sagi, D. (2007) . Configuration influence on crowding[J]. Journal of Vision, 7 (2) : 4, 1–12.

Livne, T. & Sagi, D. (2010) . How do flankers' relations affect crowding?[J]. Journal of Vision, 10 (3) : 1, 1–14.

Louie, E. G., Bressler, D. W. & Whitney, D. (2007) . Holistic crowding: selective interference between configural representations of faces in crowded scenes[J]. Journal of Vision, 7 (2) : 24, 21–11.

Luck, S. J. (2005) . An introduction to the event–related potential technique[M]. Cambridge, Mass: MIT Press.

Luck, S. J. (2014) . An Introduction to the Event–Related Potential

Technique[M]. Cambridge, Massachusetts: The MIT Press.

Luck, S. J. & Ford, M. A.（1998）. On the role of selective attention in visual perception[M]. Proceedings of the National Academy of Sciences, 95（3）: 825-830.

Luck, S. J. & Hillyard, S. A.（1994）. Electrophysiological correlates of feature analysis during visual search[J]. Psychophysiology, 31（3）: 291-308.

Luck, S. J., Vogel, E. K. & Shapiro, K. L.（1996）. Word meanings can be accessed but not reported during the attentional blink[J]. Nature, 383（6601）: 616-618.

Luo, Y. J. & Wei, J. H.（1997）. Mismatch negativity of ERP in cross-modal attention[J]. Science in China Series C: Life Sciences, 40（6）: 604-612.

Luo, Y. J. & Wei, J. H.（1999）. Cross-modal selective attention to visual and auditory stimuli modulates endogenous ERP components[J]. Brain research, 842（1）: 30-38.

Malania, M., Herzog, M. H. & Westheimer, G.（2007）. Grouping of contextual elements that affect vernier thresholds[J]. J Vis, 7（2）: 1-7.

Manassi, M., Sayim, B. & Herzog, M. H.（2012）. Grouping, pooling, and when bigger is better in visual crowding[J]. J Vis, 12（10）.

Maquet, P., Faymonville, M. E., Degueldre, C., Delfiore, G., Franck, G., Luxen, A. & Lamy, M. J. B. p.（1999）. Functional neuroanatomy of hypnotic state. 45（3）: 327-333.

Mareschal, I., Morgan, M. J. & Solomon, J. A.（2010）. Attentional modulation of crowding[J]. Vision Research, 50（8）: 805-809.

Marini, F. & Marzi, C. A.（2016）. Gestalt Perceptual Organization of Visual Stimuli Captures Attention Automatically: Electrophysiological Evidence[J]. Frontiers in Human Neuroscience: 10, 446.

Martelli, M., Majaj, N. J. & Pelli, D. G.（2005）. Are faces processed like words? A diagnostic test for recognition by parts[J]. Journal of Vision, 5（1）: 58-70.

Mayr, U., Awh, E. & Laurey, P.（2003）. Conflict adaptation effects in the absence of executive control[J]. Nat Neurosci, 6（5）(5）: 450–452.

Mazziotta, J., Toga, A., Evans, A., Fox, P., Lancaster, J., Zilles, K., . . . Mazoyer, B.（2001）. A probabilistic atlas and reference system for the human brain: International Consortium for Brain Mapping（ICBM）. Philosophical Transactions of the Royal Society B: Biological Sciences, 356（1412）: 1293–1322.

Meirovithz, E., Ayzenshtat, I., Bonneh, Y. S., Itzhack, R., Werner–Reiss, U. & Slovin, H.（2010）. Population Response to Contextual Influences in the Primary Visual Cortex[J]. Cerebral Cortex, 20（6）: 1293–1304.

Millin, R., Arman, A. C., Chung, S. T. & Tjan, B. S.（2014）. Visual crowding in V1[J]. Cerebral Cortex, 24（12）: 3107–3115.

M ü ller, D., Winkler, I., Roeber, U., Schaffer, S., Czigler, I. & Schröger, E.（2010）. Visual object representations can be formed outside the focus of voluntary attention: evidence from event–related brain potentials[J]. Journal of Cognitive Neuroscience, 22（6）: 1179–1188.

Näätänen, R., Syssoeva, O. & Takegata, R.（2004）. Automatic time perception in the human brain for intervals ranging from milliseconds to seconds[J]. Psychophysiology, 41（4）: 660–663.

Naghavi, H. R. & Nyberg, L.（2005）. Common fronto–parietal activity in attention, memory, and consciousness: Shared demands on integration?[J]. Consciousness and Cognition, 14（2）: 390–425.

Nazir, T. A.（1992）. Effects of lateral masking and spatial precueing on gap–resolution in central and peripheral vision[J]. Vision Research, 32（4）: 771–777.

Neri, P. & Levi, D. M.（2006）. Spatial resolution for feature binding is impaired in peripheral and amblyopic vision[J]. Journal of Neurophysiology, 96（1）: 142–153.

Parkes, L., Lund, J., Angelucci, A., Solomon, J. A. & Morgan, M.（2001）. Compulsory averaging of crowded orientation signals in human vision[J]. Nature Neuroscience, 4（7）: 739–744.

Pascual–Marqui, R. D.（2002）. Standardized low–resolution brain electromagnetic tomography（sLORETA）: technical details[J]. Methods and

Findings in Experimental and Clinical Pharmacology, 24 Suppl D: 5–12.

Pelli, D. G.（2008）. Crowding: a cortical constraint on object recognition[J]. Current Opinion in Neurobiology: 18, 445–451.

Pelli, D. G., Palomares, M. & Majaj, N. J.（2004）. Crowding is unlike ordinary masking: Distinguishing feature integration from detection[J]. Journal of Vision, 12（4）: 1136–1169.

Pelli, D. G. & Tillman, K. A.（2008）. The uncrowded window of object recognition[J]. Nature neuroscience, 11（10）: 1129–1135.

Pelli, D. G., Tillman, K. A., Freeman, J., Su, M., Berger, T. D. & Majaj, N. J.（2007）. Crowding and eccentricity determine reading rate[J]. Journal of Vision, 7（2）: 20, 21–36.

Peng, C. H., Zhang, Y., Chen, Y. G. & Zhang, M.（2013）. Crowded words can be processed semantically: Evidence from an ERP study[J]. Int J Psychophysiol, 88（1）: 91–95.

Pins, D. & Ffytche, D.（2003）. The neural correlates of conscious vision[J]. Cerebral Cortex, 13（5）: 461–474.

Põder, E.（2006）. Crowding, feature integration, and two kinds of "attention"[J]. Journal of Vision, 6（2）: 163–169.

Põder, E.（2007）. Effect of colour pop-out on the recognition of letters in crowding conditions[J]. Psychol Res, 71（6）: 641–645.

Põder, E.（2008）. Crowding with detection and coarse discrimination of simple visual features[J]. Journal of Vision, 8（4）: 24, 21–26.

Popple, A. V. & Levi, D. M.（2005）. The perception of spatial order at a glance[J]. Vision Research, 45（9）: 1085–1090.

Rabini, G., Ubaldi, S. & Fairhall, S. L.（2021）. Combining concepts across categorical domains: a linking role of the precuneus[J]. Neurobiol Lang（Camb）, 2（3）: 354–371.

Reeder, R. R., Hanke, M. & Pollmann, S.（2017）. Task relevance modulates the cortical representation of feature conjunctions in the target template[J]. Sci Rep, 7（1）: 4514.

Ronconi, L., Bertoni, S. & Bellacosa Marotti, R. (2016) . The neural origins of visual crowding as revealed by event-related potentials and oscillatory dynamics[J]. Cortex: 79, 87–98.

Russell, C. & Driver, J. (2005) . New indirect measures of "inattentive" visual grouping in a change-detection task[J]. Perception & Psychophysics, 67 (4): 606–623.

Saarela, T. P., Sayim, B., Westheimer, G. & Herzog, M. H. (2009) . Global stimulus configuration modulates crowding[J]. Journal of Vision, 9 (2) : 5.1–11.

Salti, M., Bar-Haim, Y. & Lamy, D. (2012) . The P3 component of the ERP reflects conscious perception, not confidence[J]. Consciousness and Cognition, 21 (2) : 961–968.

Sayim, B., Westheimer, G. & Herzog, M. H. (2010) . Gestalt factors modulate basic spatial vision[J]. Psychological Science, 21 (5) : 641–644.

Schadow, J., Lenz, D., Thaerig, S., Busch, N. A., Fr ü nd, I., Rieger, J. W. & Herrmann, C. S. (2007) . Stimulus intensity affects early sensory processing: visual contrast modulates evoked gamma-band activity in human EEG[J]. International Journal of Psychophysiology: Official Journal of the International Organization of Psychophysiology, 66 (1) : 28–36.

Sekihara, K., Sahani, M. & Nagarajan, S. S. (2005) . Localization bias and spatial resolution of adaptive and non-adaptive spatial filters for MEG source reconstruction[J]. Neuroimage, 25 (4) : 1056–1067.

Sergent, C., Baillet, S. & Dehaene, S. (2005) . Timing of the brain events underlying access to consciousness during the attentional blink[J]. Nature Neuroscience, 8 (10) : 1391–1400.

Stenberg, G., Lindgren, M., Johansson, M., Olsson, A. & Rosen, I. (2000) . Semantic processing without conscious identification: evidence from event-related potentials[J]. Journal of Experimental Psychology: Learning, Memory, Cognition, 26 (4) : 973–1004.

Strasburger, H. (2005) . Unfocused spatial attention underlies the crowding effect in indirect form vision[J]. Journal of Vision, 5 (11) : 1024–1037.

Strasburger, H., Harvey, L. O. J. & Rentschler, I. (1991) . Contrast thresholds for identification of numeric characters in direct and eccentric view[J]. Percept Psychophys, 49 (6) : 495–508.

Sutton, S., Braren, M., Zubin, J. & John, E. R. (1965) . Evoked-potential correlates of stimulus uncertainty[J]. Science, 150 (3700) : 1187–1188.

Toet, A. & Levi, D. M. (1992) . The two-dimensional shape of spatial interaction zones in the parafovea[J]. Vision Research, 32 (7) : 1349–1357.

Tripathy, S. P. & Cavanagh, P. (2002) . The extent of crowding in peripheral vision does not scale with target size[J]. Vision Research, 42 (20) : 2357–2369.

Van den Berg, R., Roerdink, J. B. & Cornelissen, F. W. (2010) . A neurophysiologically plausible population code model for feature integration explains visual crowding[J]. PLoS Computational Biology, 6 (1) : e1000646.

Vogel, E. K., Luck, S. J. & Shapiro, K. L. (1998) . Electrophysiological evidence for a postperceptual locus of suppression during the attentional blink[J]. Journal of Experimental Psychology: Human Perception and Performance, 24 (6) : 1656–1674.

Wallis, T. S. & Bex, P. J. (2011) . Visual crowding is correlated with awareness[J]. Current Biology, 21 (3) : 254–258.

Wang, Q., Huang, H. & Mao, L. (2009) . N400 repetition effect in unidentifiable Chinese characters: evidence for automatic process[J]. Neuroreport, 20 (7) : 723–728.

Wei, J., Chan, T. & Luo, Y. (2002). A modified oddball paradigm "cross-modal delayed response" and the research on mismatch negativity[J]. Brain Research Bulletin, 57 (2) : 221–230.

Westheimer, G. & Hauske, G. (1975) . Temporal and spatial interference with vernier acuity[J]. Vision Research, 15 (10) : 1137–1141.

Whitney, D. & Levi, D. M. (2011) . Visual crowding: a fundamental limit on conscious perception and object recognition[J]. Trends in Cognitive Sciences, 15 (4) : 160–168.

Wilenius-Emet, M., Revonsuo, A. & Ojanen, V. (2004) . An

electrophysiological correlate of human visual awareness[J]. Neuroscience letters, 354（1）: 38–41.

Wolford, G., Marchak, F. & Hughes, H.（1988）. 20 Practice effects in backward masking[J]. Journal of Experimental Psychology: Human Perception and Performance, 14（1）: 101–112.

Woodman, G. F. & Luck, S. J.（2003）. Serial deployment of attention during visual search. Journal of Experimental Psychology[J]. Human Perception and Performance, 29（1）: 121–138.

Woods, D. L., Alho, K. & Algazi, A.（1992）. Intermodal selective attention. I. Effects on event–related potentials to lateralized auditory and visual stimuli[J]. Electroencephalogr Clin Neurophysiol, 82（5）: 341–355.

Wu, Y., Chen, J. & Han, S.（2005）. Neural mechanisms of attentional modulation of perceptual grouping by collinearity[J]. Neuroreport, 16（6）: 567–570.

Yeh, S. L., He, S. & Cavanagh, P.（2012）. Semantic priming from crowded words[J]. Psychological Science.（23）608–616.

Yeshurun, Y. & Carrasco, M.（1998）. Attention improves or impairs visual performance by enhancing spatial resolution[J]. Nature, 396（6706）: 72–75.

Yeshurun, Y. & Rashal, E.（2010）. Precueing attention to the target location diminishes crowding and reduces the critical distance[J]. Journal of Vision, 10（10）: 16.

Yong, K. X., Shakespeare, T. J., Cash, D., Henley, S. M., Nicholas, J. M., Ridgway, G. R., ... Crutch, S. J.（2014）. Prominent effects and neural correlates of visual crowding in a neurodegenerative disease population[J]. Brain, 137（12）: 3284–3299.

Zhang, W. & Luck, S. J.（2009）. Feature–based attention modulates feedforward visual processing[J]. Nature Neuroscience, 12（1）: 24–25.

Zhou, J., Lee, C. & Yeh, S. C.（2016）. Word meanings survive visual crowding: evidence from ERPs[J]. Lang Cogn Neurosci, 31（9）: 1167–1177.

北京语言学院.（1986）. 61 现代汉语频率词典[M]. 北京：北京语言学院

出版社.

陆其林.（2010）. 60 汉字N400启动效应的启动类型及其加工机制[D]. 硕士学位论文，重庆：西南大学.

魏景汉，罗跃嘉.（2010）. 97 事件相关电位基础原理与技术[M]. 北京：科学出版社.

朱滢.（2005）. 102 陈霖的拓扑性质知觉理论[J]. 心理科学，28（5）：1031–1034.

附　录

实验1　实验材料：

假字：

真字：

龙　爸　笨　财　门　床　木　单　查　包　局
虫　绑　笔　裁　杯　潮　唱　赌　圆　裹　滚
豹　褒　贬　踩　补　藏　吊　博　移　坑　场
鹅　宝　矮　表　菜　坟　记　夸　动　里　轮
鸽　报　暗　宾　草　红　北　奖　援　今　悦
狗　抱　词　冰　肠　切　巢　难　助　泉　愉
龟　池　醋　兵　惩　客　碰　检　咏　背　主
猴　赶　购　疯　纺　躲　冬　尺　登　齿　存
狐　钢　鼓　夫　肥　惰　洞　刀　低　耻　错
虎　割　瓜　伏　废　罚　读　盗　笛　绸　打
鸡　沟　挂　斧　分　繁　堵　稻　地　储　呆

狼 鬼 怪 干 愤 防 断 灯 弟 穿 戴

鹿 锅 光 肝 风 房 夺 丢 电 唇 胆

驴 国 河 花 嫁 酱 举 东 狂 婚 浑

马 果 盒 画 剪 脚 剧 啃 捆 老 祸

鸟 寒 贺 环 剑 街 锯 恐 阔 雷 挤

牛 喊 黑 幻 箭 洁 掘 哭 拉 累 加

雀 旱 横 荒 江 姐 军 裤 拦 冷 家

鹊 喝 呼 晃 讲 惊 看 宽 懒 梨 莲

狮 禾 护 荤 降 净 烤 筐 烂 立 裂

蛙 炮 兄 咬 愚 上 伤 扔 穷 落 林

鸦 赔 牙 夜 雨 烧 湿 肉 秋 妈 龄

鸭 盆 哑 衣 育 少 石 弱 曲 魔 聋

猪 皮 咽 忆 云 伸 市 塞 渠 抹 搂

莺 疲 盐 议 杂 神 手 森 圈 母 路

蝇 贫 掩 音 砸 声 守 沙 缺 墓 绿

象 破 养 忧 灾 树 首 傻 热 男 论

兔 铺 摇 油 择 竖 书 善 仁 南 锣

猫 妻 刷 丝 岁 桃 天 痛 吞 泥 箩

鸥 奇 耍 思 锁 讨 添 偷 托 你 买

犬 旗 水 诵 踏 疼 铁 图 挖 怒 麦

蛇 弃 说 素 躺 提 桶 涂 瓦 女 妹

鼠 泣 展 站 姓 仙 西 袜 弯 暖 米

猩 钱 抓 遮 修 县 吸 歪 玩 藕 觅

熊 枪 砖 织 羞 箱 洗 窝 晚 趴 面

鱼 抢 追 纸 虚 想 喜 我 碗 爬 苗

燕 敲 浊 帜 选 孝 戏 卧 亡 怕 描

羊 瞧 字 忠 雪 斜 细 握 尾 盘 秒

虾 琴 阻 钟 寻 鞋 下 屋 卫 胖 民

蚊 庆 嘴 珠 压 写 吓 雾 胃 抛 名

实验2　实验材料：

假字：同实验1

语义相关词对：

启动字	目标字	启动字	目标字	启动字	目标字	启动字	目标字
低	矮	搂	抱	爸	妈	男	女
杯	盘	购	买	宾	客	你	我
纸	笔	米	面	褒	贬	南	北
钟	表	泥	土	肠	胃	皮	肉
冰	雪	门	锁	床	铺	肥	胖
修	补	暖	热	潮	湿	贫	穷
尺	寸	破	烂	踩	踏	切	割
对	错	丢	弃	穿	戴	奇	怪
降	落	钱	财	躲	藏	庆	贺
储	存	抢	夺	惩	罚	乞	讨
裁	剪	秋	冬	东	西	伤	亡
吃	喝	缺	少	堵	塞	神	仙
打	击	人	民	断	裂	树	木
偷	盗	仁	善	灯	光	手	脚
分	秒	呆	傻	坟	墓	沙	石
饭	菜	水	池	肝	胆	森	林
父	母	丝	绸	国	家	思	想
夫	妻	上	下	干	旱	烧	烤
防	守	诵	读	沟	渠	首	尾
瓜	果	书	报	红	绿	天	地
弓	箭	图	画	寒	冷	疼	痛
古	旧	砖	瓦	横	竖	涂	抹
钢	铁	锅	碗	荤	素	弯	曲

禾	苗	抓	握	护	卫	挖	掘
花	草	兄	弟	呼	吸	歪	斜
荒	废	鞋	袜	黑	暗	玩	耍
婚	嫁	房	屋	洁	净	姓	名
喊	叫	愤	怒	惊	吓	县	市
江	河	疯	狂	添	加	羞	耻
姐	妹	戏	剧	酱	醋	虚	幻
挤	压	寻	觅	宽	阔	细	小
刀	剑	牙	齿	哭	泣	油	盐
军	兵	吞	咽	疲	累	云	雾
看	瞧	遮	掩	箩	筐	摇	晃
捆	绑	魔	鬼	莲	藕	夜	晚
恐	怕	衣	裤	喜	乐	忧	愁
懒	惰	追	赶	老	弱	愚	笨
锣	鼓	字	词	雷	电	议	论
聋	哑	阻	拦	描	写	珠	宝
嘴	唇	站	立	灾	祸	忠	孝

语义不相关词对：

启动字	目标字	启动字	目标字	启动字	目标字	启动字	目标字
惊	矮	寒	买	门	贬	阻	肉
弓	盘	珠	面	灯	胃	钢	胖
戏	笔	魔	土	横	铺	砖	穷
秋	表	国	锁	喊	湿	油	割
姐	雪	你	热	禾	踏	县	怪
书	补	姓	烂	军	戴	忧	贺
宾	寸	褒	弃	东	藏	吞	讨
红	错	南	财	荤	罚	歪	亡

愤 落 修 夺 吃 西 米 仙
莲 存 缺 冬 丢 塞 衣 木
呼 剪 泥 少 储 裂 思 脚
裁 喝 鞋 民 酱 光 涂 石
饭 击 摇 善 箩 墓 人 林
弯 盗 荒 傻 打 胆 上 想
床 秒 玩 池 干 家 奇 烤
惩 菜 贫 绸 黑 旱 愚 尾
沟 母 添 下 婚 渠 首 地
宽 妻 遮 读 冰 绿 神 痛
锅 守 站 报 肠 冷 男 抹
夫 果 云 画 分 竖 暖 曲
父 箭 议 瓦 洁 素 嘴 掘
搂 旧 肝 碗 肥 卫 牙 斜
躲 铁 字 握 江 吸 烧 要
恐 苗 皮 弟 堵 暗 描 名
防 草 寻 袜 对 净 诵 市
哭 废 断 屋 杯 吓 森 耻
雷 嫁 房 怒 细 加 忠 幻
踩 叫 老 狂 低 醋 喜 小
懒 河 仁 剧 护 阔 树 盐
刀 妹 灾 觅 尺 泣 疼 雾
花 压 夜 齿 手 累 图 晃
呆 剑 天 咽 看 筐 沙 晚
聋 兵 庆 掩 锣 藕 抓 愁
捆 瞧 疲 鬼 丝 乐 抢 笨
潮 绑 伤 裤 古 弱 追 论
瓜 怕 纸 赶 疯 电 切 宝

爸	惰	挖	词	破	写	偷	孝
降	鼓	钱	拦	兄	女	虚	祸
购	哑	挤	妈	水	我	羞	立
坟	抱	穿	客	乞	北	钟	唇

填充词对：

启动字	– 目标字	启动字	– 目标字	启动字	– 目标字	启动字	– 目标字
掌	鹊	凤	主	窝	街	输	鹊
做	鸦	蛇	猴	鸽	洗	凤	虾
乙	驴	赌	桶	蛇	蚕	鸭	犬
蒸	驴	展	忆	豹	愉	猪	笛
狼	椅	著	鹅	造	狐	舟	羊
碰	唱	育	蛙	猫	托	养	袋
虎	食	燕	羊	鼠	犬	牛	麦
挪	蚕	鱼	熊	象	轮	说	狐
众	织	选	提	绳	狮	龙	稻
鱼	蝇	捡	蛙	弧	鸦	胀	蝇
条	雀	鸽	趴	鹿	龄	猫	琴
鹿	船	鸡	日	跑	蚕	燕	讲
狼	狗	移	里	象	狗	鱼	咬
难	路	龟	浑	讲	赔	择	虾
猪	纺	豹	爬	虎	泉	音	吊
同	驴	蛇	犬	豹	扔	龟	鹊
线	熊	肿	蛙	鸡	虫	龟	箱
多	莺	马	包	鸟	雀	检	坑
马	说	鼠	鸦	月	滚	鸟	蚊
旗	斧	雨	虾	鱼	狮	马	锯
美	鸦	跳	莺	鸭	兔	胜	兔

甲	眼	流	熊	狼	熊	牛	兔
猪	桃	鹿	环	象	躺	独	鹅
搬	蚊	拳	狐	赞	虾	援	敲
砸	圈	易	猴	龙	场	鸽	登
好	蝇	助	狗	杂	羊	鸽	胸
风	挂	鼠	鹅	圆	狐	丑	鹅
凤	村	抛	悦	夸	虫	象	巢
猪	洞	鸟	莺	撞	狮	帜	猴
盆	声	壮	虫	拔	雀	金	狮
牛	盒	坠	内	鹿	记	豹	炮
龙	枪	燕	蚊	汽	蝇	蛇	桌
刷	眉	猫	背	掉	雀	燕	兔
鸡	蚕	鸭	浊	龙	安	咏	句
猫	岁	鸭	驴	鸟	咸	抽	运
验	犬	狼	莺	牛	虫	圆	猴
拾	羊	梨	拉	银	狗	祖	鹊
单	啃	马	伏	鸡	蚊	亏	优
虎	局	龟	蛙	卧	今	鼠	举
虎	煮	强	急	走	溪	凤	伸

实验3　实验材料：

假字：同实验1

语义相关词对：

启动字	目标字	启动字	目标字	启动字	目标字	启动字	目标字
选	择	油	盐	钟	表	破	烂
修	补	枪	炮	暖	热	寻	觅

储 存 吞 咽 魔 鬼 肠 胃
牙 齿 分 秒 愤 怒 诵 读
书 报 纸 笔 戏 剧 森 林
瓜 果 江 河 阻 拦 房 屋
横 竖 米 面 兄 弟 摇 晃
防 守 涂 抹 肥 胖 躺 卧
字 词 褒 贬 荤 素 你 我
夫 妻 奇 怪 惩 罚 惊 吓
老 弱 禾 苗 羞 耻 皮 肉
灯 光 挤 压 水 池 贫 穷
烧 烤 稻 麦 干 旱 声 音
宾 客 荒 废 弯 曲 肝 胆
聋 哑 哭 泣 繁 杂 图 画
忠 孝 纺 织 首 尾 捆 绑
花 草 钢 铁 珠 宝 浑 浊
姐 妹 议 论 刀 剑 丢 弃
庆 贺 钱 财 国 家 桶 盆
玩 耍 军 兵 啃 咬 洁 净
天 地 养 育 追 赶 寒 冷
洗 刷 东 西 猫 狗 抢 夺
鞋 袜 购 买 讲 说 爸 妈
风 雨 旗 帜 姓 名 呼 吸
搂 抱 恐 怕 嘴 唇 疯 狂

语义不相关词对：

启动字	– 目标字	启动字	– 目标字	启动字	– 目标字	启动字	– 目标字
干	择	涂	炮	嘴	鬼	水	读
老	补	横	咽	纸	怒	聋	林

哭	存	疯	秒	抢	剧	稻	屋
东	齿	肥	笔	庆	拦	烧	晃
议	报	追	河	繁	弟	姐	卧
钢	果	忠	面	摇	胖	禾	我
江	竖	姓	抹	兄	素	灯	吓
油	守	刀	贬	森	罚	天	肉
暖	词	首	怪	捆	耻	魔	穷
纺	妻	钱	苗	诵	池	玩	音
搂	弱	花	压	戏	旱	贫	胆
修	光	夫	麦	恐	曲	分	画
弯	烤	储	废	洗	杂	米	绑
爸	客	宾	泣	鞋	尾	羞	浊
挤	哑	寻	织	肠	宝	牙	弃
声	孝	军	铁	荒	剑	防	盆
你	草	啃	论	枪	家	皮	净
字	妹	寒	财	国	咬	猫	冷
躺	贺	瓜	兵	购	赶	洁	夺
愤	耍	选	育	桶	狗	浑	妈
珠	地	奇	西	风	说	阻	吸
肝	刷	旗	买	吞	名	褒	狂
养	袜	钟	帜	惊	烂	丢	唇
图	雨	呼	表	破	觅	讲	怕
荤	盐	书	热	惩	胃	房	抱

实验4 实验材料：

假字：同实验1

动物字：鹿、鱼、虎、狼、燕、狗、狐、象、鸦、莺

非动物字：苗、草、炮、烤、家、热、废、银、弧、唇
声音刺激：3个纯音刺激，频率分别为1000Hz、800Hz和500Hz

实验5 实验材料：

假字：同实验1
汉字：妹、线

实验6 实验材料

实验使用的假字和真字同实验4，视觉反应信号为视角大小为1°×1°的深灰色（RGB值为128，128，128）和浅灰色（192，192，192）小方块。